1. Auflage 12. Januar 2010
2. Auflage Februar 2010

Umschlagsentwurf: Alexander Glatt, alle Rechte vorbehalten ©

Herstellung und Verlag:
Books on Demand GmbH, Norderstedt
ISBN 978-3-8391-3612-6

Dr. Herbert Glatt

2029

Freitag der 13. April

und

Ralf Bernd Herden

2036

Unvorbereitet?

Der zerstörerische Impact und seine möglichen Folgen

An diesem Tag wird der Asteroid Apophis, auch als 2004MN4 bekannt, unseren Planeten nur sehr, sehr knapp verfehlen, so die momentanen Berechnungen. Wie gefährlich dieser Asteroid sich uns nähert und wie wenig bisher zur Abwehr unternommen wurde, das wird Sie möglicherweise überraschen.

Inhalt

2029 Freitag der 13. April

von Dr. Herbert Glatt

1. Einführung
2. Countdown ja oder nein?
3. Die Entdeckung des Asteroiden in 2004
4. Die Turiner Skala
5. Die Palermo Skala
6. Die nach oben **nicht** offene Richter Skala
7. Gibt es Trojaner im Weltraum?
8. Die Lagrange-Punkte
9. Die Zäsur im Jahre 1994
10. Bisher letzter großer Einschlag: Tunguska
11. Deutsches Glas nach Böhmen?
12. Die bisherigen Big Bangs
13. Einschlagkrater überall im Sonnensystem
14. Kann der Einzelne Vorkehrungen treffen?
15. 2013 ein wichtiges Jahr
16. Fortsetzung folgt
17. Was sind Sungrazer?
18. Die Pioneer Anomalie
19. Lösungsansätze
20. Nachwort

Inhalt

**2036 - Unvorbereitet?
Der zerstörerische Impact und seine möglichen Folgen**

von Ralf Bernd Herden

1. **Einleitung**
   - 1.1. Folgen für die Materie
   - 1.2. Folgen für die Sozialisation
2. **Wissen und Handeln**
3. **Wirtschaft, Politik, Gesellschaft**
4. **Mögliche Auswirkungen: Äußerer Kreis**
   - 4.1. Stromausfall im Haushalt
   - 4.2. Auswirkungen auf die öffentliche Daseinsvorsorge
5. **Auswirkungen Innerer Kreis**
6. **Auswirkungen Innerster Kreis**
7. **Auswirkungen Zentrum**
8. **Und der Nachrichtenverkehr?**

Dr. Herbert Glatt

2029

Freitag der 13. April

*

Unsere Zivilisation wird, rund um die Ereignisse, bezogen auf den Asteroiden 99942 Apophis / 2004MN4, entscheiden können, ob sie eine neue Dimension erreicht, ob sie eine neue Qualität gewinnt, nämlich kosmische Ereignisse zu beeinflussen. Technisch sind wir dazu in der Lage, werden wir bereit sein diesen Limes zu überschreiten?

*

Naturkatastrophen haben eine unglaubliche Gestaltungsmacht. Wir Menschen stören uns daran weil die eintretenden Veränderungen uns vor immer neuen Aufgaben stellen. Die Natur nimmt bei solchen Ereignissen auf uns einfach keine Rücksicht. Wenn sie zuschlagen verändern sie unsere Zivilisation nachhaltig. Ob es nun Asteroideneinschläge oder Seuchen (Pandemien) sind, ob Bewegungen der Kontinentalplatten, gefolgt von Erdbeben und Tzunamis oder Klimawandel, wir Menschen waren diesen Unheilen bis vor kurzem wehrlos ausgeliefert. Manchen Katastrophen begegnen wir immer noch relativ hilflos, zum Beispiel Erdbeben, Flutwellen, Tornados, Hurricanes oder Vulkanausbrüchen. Anderen hingegen treten wir mittlerweile selbstbewusst und kompetent entgegen, siehe das Beispiel der Vogel- und der Schweinegrippe. Es gibt aber Katastrophen eines ungeahnten

Ausmaßes die uns bedrohen, denen wir bis vor 50 Jahren ausgeliefert waren, es immer noch sind, obwohl wir es längst nicht mehr sein müssten oder dürften: Asteroideneinschläge auf unserem Planeten. Das Jahr 2029 wird es zeigen ob wir die gestalterische Kraft von apokalyptischen Ereignissen weiterhin akzeptieren oder uns dagegen wehren. Davon handelt das vorliegende Buch.

Viel Spaß beim Lesen.

1. Einführung

Das vorliegende Buch ist kein Science-Fiction Roman und auch kein Aprilscherz. Ich halte die Zahl 13 für keine besondere Zahl und den Freitag für einen Wochentag wie jeden anderen. Die Kombination „Freitag der 13." beinhaltet ebenfalls nichts außergewöhnliches, erwiesenermaßen passiert an diesen Tagen nicht mehr als an irgendeinem anderen Tag. Im Jahre 2029 allerdings könnte der Freitag, der 13.April, ein schlechter Tag werden weil der Asteroid „Apophis" unseren Planeten treffen könnte.

Dies ist lediglich der Versuch, eine möglichst breite Öffentlichkeit zu erreichen und auf eine reale Gefahr hinzuweisen, eine Gefahr, die im Jahre 2029 uns, die Menschheit bedroht. Wenn wir uns nicht besinnen (und zwar sehr schnell) könnten 20 oder 30 Millionen von uns sterben!

Am 19 . Juni 2004 wurde ein Asteroid entdeckt der auf die Erde zuflog. Er erhielt die Bezeichnung 2004MN4. Mit einem Durchmesser von ca. 300 Metern stellt er zwar keine Gefahr für die Menschheit im weitesten Sinne dar, ist jedoch groß genug, um bei einem Einschlag regionale Verwüstungen anzurichten.

Um es vorneweg klarzustellen: mit regionalen Verwüstungen ist nicht gemeint dass ein paar Bauernhöfe im Schwarzwald verschwinden könnten oder dass eine Kleinstadt irgendwo zerstört werden würde, sondern dass Staaten von der Größe Belgiens, Dänemarks, Islands, Israels oder Jordaniens komplett ausgelöscht werden könnten. In den USA würde eine Stadt von der Größe New Yorks vollkommen verschwinden. Auf die besondere geografische Situation von Israel, dem Toten Meer und Jordanien komme ich später zurück.

Der Asteroid erhielt die Bezeichnung 2004 MN4. Die Wahrscheinlichkeit eines Einschlages, bei seiner Wiederkehr im Jahr 2029, wurde binnen weniger Tage als hoch, danach als sehr hoch, später dann wieder als geringer eingeschätzt. Schließlich wurde errechnet dass 2004MN4 vorbeifliegen würde wenn auch sehr, sehr knapp. In der Zwischenzeit wurde der Himmelskörper umbenannt in 99942 Apophis (Der ägyptische Gott Apophis, auch Apep(i), ist die Verkörperung von Zerstörung, Finsternis und Chaos und Gegenspieler des Sonnengottes Re oder Ra).

Ich hatte während der Recherche für das Buch den Eindruck gewonnen, dass es wohl eine beträchtliche Zahl von Personen gibt die sich des Themas angenommen hat, auch gibt es reichlich Daten die im Internet abrufbar sind, jedoch habe ich ernsthafte Bestrebungen vermisst, seitens derer, die uns vor diesem Einschlag schützen sollten, Stellung zu nehmen: Entscheidungsträger in der Politik, UNO, NASA, ESA, JAXA, (japanische Raumfahrtagentur), ROSKOSMOS (die russische Raumfahrtbehörde), Europäisches Parlament, Pentagon usw. Die Raumfahrtbehörden würden gerne etwas unternehmen, aber Sie ahnen es ja wahrscheinlich, es fehl ganz schlicht und einfach an Geld! Es entsteht der Eindruck dass der Zeitraum von 20 Jahren bis zum nächsten Vorbeiflug oder Einschlag fälschlicherweise beruhigend auf die möglichen politischen Akteure wirkt.

In den folgenden Kapiteln werden die möglichen Auswirkungen eines Einschlages auf unserem Globus beschrieben, mit der klaren Absicht keine Panik, keine Apokalypse heraufzubeschwören, anderseits jedoch deutlich das Gefahrenpotenzial aufzuzeigen. Denn sollte ein Einschlag in 2029 stattfinden, so reichen die Schäden durchaus aus um ein Gebiet von der Größe Belgiens, Panamas, der Schweiz oder Dänemarks komplett auszulöschen. Sollte der mögliche Einschlag jedoch in einem Gebiet wie z B dem Amazonasbecken oder der Sahara passieren, so würden wir außer Störungen im Funkverkehr wohl zunächst nicht viel mitbekommen. Dass der 13 April 2029 ein Freitag ist, soll keinem Aberglaube Vorschub leisten, es ist lediglich ein unbestrittenes Faktum.

Die Spielfilmindustrie hat das Thema mit den Spielfilmen „Deep Impact" (USA- 1998) „Armageddon" (USA- 1998) und der zweiteiligen Fernsehproduktion „Last Impact" (USA/Kanada/Deutschland - 2008) zwar hervorragend bedient, uns allen jedoch (bedauerlicherweise) vorgegaukelt wir könnten, wenn es denn sein müsste, schnell auf solch eine Gefahr reagieren. In den beiden erst genannten Spielfilmen fliegen Riesenbrocken (Kometen) auf die Erde zu und werden sozusagen „5 vor 12" wortwörtlich himmelfahrtskommandoartig noch gesprengt. In „Last Impact" hingegen fliegt ein Brocken auf den Mond zu und detoniert auf der Mondoberfläche. Dabei handelt es sich um ein Bruchstück von einem „braunen Zwerg" also Materie von sehr hoher Dichte und mithin enormer Gravitation. Daraufhin drohte der Mond auf die Erde zu stürzen, so die Fiktion.

Die Menschheit wird, wie kann es anders ausgehen, durch heldenhaften Einsatz Einzelner, am Ende gerettet. Leider, leider sähe es in Wirklichkeit ganz anders aus. Wir könnten weder schnell noch langsam reagieren. Wir können in dieser Hinsicht im Moment gar nichts!

Zurzeit ist das Space Shuttle Programm ein Auslaufmodell und ein Nachfolgemodell ist leider nicht in Sicht. Das Nachfolgeprogramm der NASA heißt ORION und ist, streng genommen, ein Rückfall in die Apollo Ära. Nur etwas moderner soll die Orion Raumkapsel werden und einen Tick größer. Statt 3 Astronauten (wie bei Apollo) sollen nun 4 Astronauten in der Raumkapsel Platz haben. Der Innenraum der Orion Raumkapsel wird bei etwa 15 Kubikmetern liegen und damit um ca.10 Kubikmeter über dem Innenraumvolumen der Apollo Kapsel. Ansonsten wird, wie gehabt, mit einer Trägerrakete gestartet.

Der europäische Raumgleiter Hermes wurde auf Eis gelegt (mangels Geld), der japanische Raumgleiter Hope X, dessen Starts immer wieder verschoben wurden, soll angeblich am 12 Dezember 2009 endlich zum Erstflug starten. Die ISS wird von den Russen grade noch so mit Hilfe der Sojuz Raumkapseln und des Raumtransportes Progress sowie noch einiger wenigen Shuttle Flüge versorgt. Die Russen hätten im Moment zwar ausreichend Raketen, jedoch fehlt es an einer Raumkapsel, größer als die winzige Sojuz. Die Energija, die zweitstärkste jemals gebaute Trägerrakete konnte 80-90 Tonnen in den Orbit bringen. Die beiden Starts der Energija (15. Mai 1987 und 15. November 1988) verliefen erfolgreich. Danach wurde das Projekt zusammen mit dem sowjetischen Raumfährenprojekt Buran eingestellt. Um uns erfolgreich vor einem Asteroideneinschlag zu schützen bräuchten wie vor allem eins: Nutzlast im Orbit. Sehr, sehr, sehr viel Nutzlast! Wir bräuchten tausende von Tonnen Nutzlast. Wie schwierig es ist viel Nutzlast in den Orbit zu bringen können Sie weiter unten lesen.

Die neuen Protagonisten im Geschäft mit Raketenstarts, China, Indien, Japan sind weiterhin unerfahren und können keine zuverlässigen Starts auf Abruf hinbekommen. Warum auf Abruf? Im weiteren Verlauf des Buches werden Sie lesen, dass zwischen der Entdeckung eines neuen Asteroiden und dem beinahe Einschlag manchmal lediglich Wochen oder Monate liegen! Eine Vorwarnzeit von wenigen Monaten ist lächerlich wenig wenn es um Vorhaben geht, welche auf die Raumfahrttechnik zurückgreifen.

Bleiben noch die europäischen Ariane Raketen. Ziemlich zuverlässig und mit der Ariane 5 auch stark genug um größere

Nutzlasten außerhalb des Orbits zu befördern. Bei einem Startgewicht von ca. 750 Tonnen schafft die Ariane 5ECA rund 21 Tonnen in den Orbit. Bereit stehen, so nebenbei, aber auch keine Ariane Raketen. Aber um es noch mal zu unterstreichen, eine erfolgreiche Abwehr würde nicht einen Start sondern sehr viele Starts voraussetzen.

Und der Alltag hat gezeigt dass auch „ routinemäßige" Starts, um ganz gewöhnlichen Satelliten in die Umlaufbahn zu bringen, gelegentlich abgebrochen oder verschoben werden müssen oder ganz und gar misslingen. Die weit verbreitete Meinung, die US Air Force oder sonst wer hätte schon ein paar Raketen herumstehen die man gleich mal starten könnte ist ebenfalls falsch. Sie ist deshalb falsch, weil die vorhandenen Raketen (ich denke hier an die Interkontinentalen Raketen mit Atomsprengköpfen) gar nicht in der Lage wären brauchbare Nutzlast außerhalb des Orbits zu bringen.

Eine sympathische und hoffnungsvolle Entwicklung hat die private Raumfahrt eingeschlagen. Das Raumschiff SPACE SHIP ONE wurde am 29. September 2004 vom Trägerflugzeug WITHE KNIGHT in eine Höhe von 14,3 Km gebracht und ausgeklinkt. Es erreichte mit eigenem Raketenantrieb eine Höhe von knapp über 100 Kilometern (genau 102,9 Km). Die nächste Entwicklung, das Nachfolgemodell, SPACE SHIP TWO, wurde im Dezember 2009 vorgestellt. Es beruht auf dem gleichen Prinzip, ist aber größer und wird Raumfahrttouristen bis in 110 Km Höhe bringen.2 Piloten und bis zu 6 Passagiere kann SPACE SHIP TWO in diese Höhe bringen. Ein suborbitaler Flug also. Sollte mit SPACE SHIP TWO alles gut gehen, ist SPACE SHIP THREE geplant. Diese Entwicklung soll sogar an der ISS andocken können. Genial, kostengünstig ins All zu fliegen, das ist es, was Richard Branson und sein Team hier vorantreiben. Virgin Galactic, so heißt der Betreiber, kann im Moment noch wenig Nutzlast nach oben bringen, dafür aber sehr kostengünstig.

2. Countdown ja oder nein?

Eindeutig Ja!!! Jede andere Antwort ist schwer nachvollziehbar und wäre grob fahrlässig. 20 Jahre Vorwarnzeit erscheinen zwar als ein gemütliches Polster, sind es aber keinesfalls. Von der uns geschenkten Vorwarnzeit von 25 Jahren haben wir 5 Jahre schon mal nicht genutzt. Ich würde Ihnen, lieber Leser zwar gerne von Plan A, B und C berichten, die gibt es aber bedauerlicherweise nicht!

Der Countdown sollte längst laufen, tut es aber nicht! Die letzte Berechnung von unserem größten Radioteleskop in Arecibo / Puerto Rico geht von einem denkbar knappen Vorbeiflug aus. Zur Erdoberfläche soll demnach der Abstand 29.000 +/- 9.900 Km betragen!

Dennoch haben wir ein riesengroßes Problem. Nehmen wir mal an, wir hatten genügend Daten zur Berechnung der Flugbahn sammeln können. Soweit OK.
2004MN 4 bewegt sich, ähnlich wie unser Planet, auf einer fast kreisrunden Umlaufbahn um die Sonne. Was im Moment noch nicht beantwortet werden kann, ist folgende Frage :kreist Apophis schon seit ewigen Zeiten, also seit der Frühzeit der Entstehung des Sonnensystems um die Sonne, oder ist er zu einem späteren Zeitpunkt auf diese Bahn eingeschwenkt, bedingt durch die Gravitation eines anderen Himmelskörpers ?

Die Antwort aus dieser Frage ist für die beiden (hoffentlich) Vorbeiflüge in den Jahren 2029 und 2036 zunächst unerheblich, würde uns aber helfen unser Sonnensystem etwas besser zu interpretieren.

Die siderischen Umlaufzeiten (die Dauer eines kompletten Umlaufes des Asteroiden um die Sonne), in Erdtagen gemessen, betragen 323 Tage und 12 Stunden. Man kann sagen, das astronomische Jahr auf Apophis beträgt 323,5 Tage, also 41,75 Tage weniger als auf unserem Planeten.

Demnach ist 2004MN4 etwas schneller unterwegs als unsere Erde, deren Umlaufzeit ja bekanntlich 365,25 Tage (ganz genau 365,24219052 Tage) beträgt. Weil es eben diesen 0,25 Tag gibt, haben wir jedes vierte Jahr ein Schaltjahr mit einem zusätzlichen Tag, also einen 29. Februar.

oben: Radioteleskop Arecibo, Durchmesser 305 Meter

Während eines kompletten Umlaufs legt 2004MN4 eine Strecke von 940 Millionen Kilometer zurück. Bis zum Jahr 2029 wird er also diese Strecke 22,6-mal zurücklegen. Die Erde wird also, zum besseren Verständnis, von 2009 bis 2029 zwanzigmal um die Sonne kreisen und 2004MN4 22,6-mal, weil er ja schneller unterwegs ist. Bei diesen 22,6 Umläufen wird 2004MN4 eine Flugstrecke von insgesamt 21,25 Milliarden Kilometern zurückgelegt haben.

Und genau hier liegt das nächste Problem: 21,25 Milliarden Kilometer Strecke, aber nicht durch materieloses Vakuum, sondern durch unser Sonnensystem eben, mit hunderttausenden anderen Asteroiden, Kometen, Kometenbruchstücken, Gravitationsfeldern von Planeten und deren Monde, von uns Menschen hinterlassenem Weltraumschrott, von noch gar nicht bekannten kleineren oder größeren Himmelskörpern usw. Beispielsweise wurde berechnet dass der Halleysche Komet (Abmessung des Kometenkerns ca. 15 x 7,2 x 7,2 Km) bei jedem Durchlauf in Sonnennähe etwa 50 Tonnen Material pro Sekunde verliert. Hochgerechnet sind dies 180.000 Tonnen pro Stunde!!! All dieses Material vagabundiert im Weltraum umher und kann Flugbahnen von Asteroiden beeinflussen.

Das allermeiste davon sind kleine Staubpartikel, aber es sind ohne Zweifel auch größere Brocken dabei. Sind Sie zufrieden mit dem Ergebnis, am Ende einer Reise des Asteroiden von mehr als 21 Milliarden Km zu sagen: wir haben 29.000 +/- 9.900 Km Spielraum und darauf verlassen wir uns?!

Wenn Sie sich darauf verlassen wollen, legen Sie das Buch jetzt weg und beenden Sie die Lektüre!

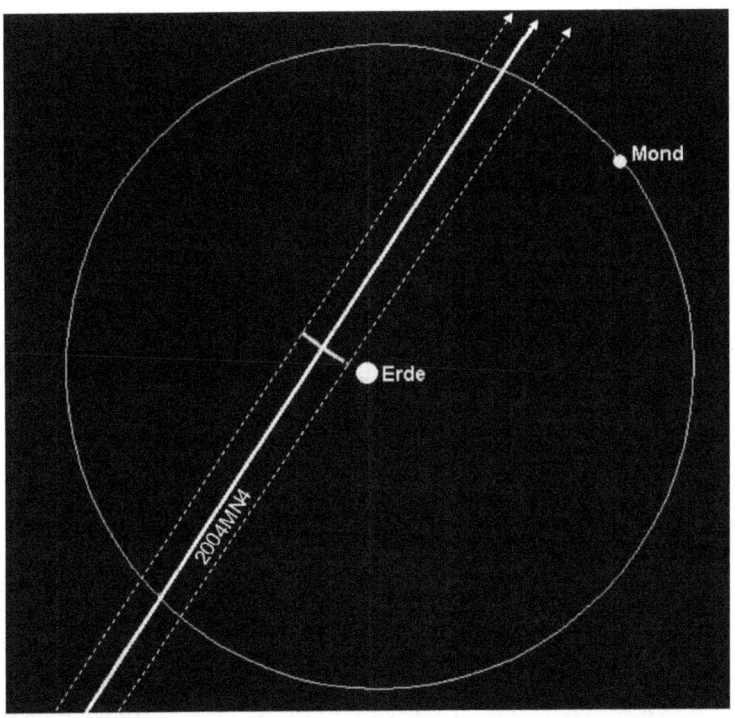

Abb. oben: vereinfachte Skizze des Vorbeifluges mit dem bisher berechneten Streuwinkel.

Dieses Buch versucht möglichst viele Leser zu erreichen, die dann, wenn das Buch Sie überzeugt hat, als Multiplikatoren weitermachen sollten. Denn Politiker denken eben in Wahlperioden und Wirtschaftsbarone in Geschäftsjahren. In 20 Jahreszyklen will wohl keiner so richtig denken. 20 Jahre sind 5 Legislaturperioden oder 20 Geschäftsjahre oder 80 Quartale an der Wall Street.

Zwei Hoffnungsschimmer am Horizont sollen nun nachstehend aufgeführt werden:

Die „B612 Foundation" mit Sitz in den USA, um den ehemaligen Apollo 9 Astronauten Rusty Schweickart gegründet, ist bemüht sowohl die Regierung wie auch die Öffentlichkeit in den USA über die Gefahr die von Asteroiden ausgeht zu informieren. Leider ist dies eine private Stiftung welche auf Spenden angewiesen ist und über keinerlei exekutive Kompetenzen verfügt. Der von dieser Gruppe bevorzugte Lösungsansatz ist ein so genannter „gravitational tractor (Gravitationszugmaschine)". Dabei wird ein Raumschiff mit möglichst viel Masse neben dem Asteroiden in Position gebracht. Ohne den Asteroiden zu berühren, lediglich durch die gegenseitige Gravitationskraft kann das Raumschiff den Asteroiden von seiner Bahn ablenken. Die Idee ist genial, hat aber 2 Hacken:

1. Die Methode ist desto effizienter je größer die Masse des Raumschiffes ist. Und richtig viel Masse (Gewicht) ins All zu bringen braucht viel Zeit (viele Starts), wie weiter oben beschrieben...

2. Auch bei richtig viel Masse lässt sich der Asteroid nur sehr langsam von seiner Bahn ablenken. Dass heißt wir müssten unsere „Kosmische Rangierlok" sehr lange (Jahre) neben dem Asteroiden parken. Und die Zeit läuft uns leider davon!

Das Ziel von „B612 Foundation" ist es um das Jahr 2015 soweit zu sein, mit dem Ablenken von Asteroiden prinzipiell beginnen zu können.

Von den Europäern (ESA) kommt die zaghafte Überlegung den Asteroiden zu rammen. Das Projekt wurde gleich mit dem Namen Don Quijote bedacht! Selbstironie? Ist der Kampf gegen den Asteroiden genauso wenig zu gewinnen wie der gegen die Windmühlen?! Hoffentlich nicht. Angedacht ist, dass zwei Raumsonden, der Orbiter „Sancho" sowie der Impaktor „Hidalgo" zum Einsatz kommen. Beide Sonden sollen auf verschiedenen Bahnen in vier Jahren zum Asteroiden fliegen. Der Impaktor „Hidalgo" soll 2004MN4 rammen und dadurch seine Bahn ändern. Das Gewicht von Hidalgo soll ca. 4 Tonnen betragen. Mir persönlich drängt sich da eher ein Bild auf, von einer Mücke die gegen eine PKW Frontscheibe klatscht.

Der Orbiter „Sancho" erfasst während und nach dem Einschlag von „Hidalgo" genauere Daten über die Zusammensetzung des Asteroiden.

Obwohl Hidalgo keinen Atomsprengkopf besitzt, sondern das Objekt allein mit Hilfe seiner kinetischen Energie (also Masse x Geschwindigkeit) rammt, könnte diese Methode bei Objekten bis zu einem Kilometer Durchmesser Erfolg haben. Das klingt ganz nett, erscheint jedoch sehr, sehr dürftig. Ist das wirklich alles was wir aufbieten wollen? 4 Tonnen Metall zum Rendezvous schicken und darauf hoffen dass der Bodycheck im All funktioniert? Nochmals zur Erinnerung: die Masse von 2004MN4 wurde vorsichtig mit 75 Mio. Tonnen geschätzt.

Berechnungen haben ergeben, dass der Impakt von Hidalgo auf den Asteroiden, diesen lediglich im Bereich von hunderten von Metern von seiner Bahn ablenken würde, also kein richtiger Befreiungsschlag, selbst wenn alles klappt.

Mittlerweile verfügen wir über die Auswertungsdaten der „Deep Impact" Mission der NASA. Ziel der Mission war es, einen Impaktor auf den Kern des Kometen Tempel 1 aufschlagen zu lassen und danach die Zusammensetzung des Kometenkerns sowie die Auswirkungen auf seine Geschwindigkeit zu messen. Am 4. Juli 2005 wurde dies erfolgreich durchgeführt. Mit seiner Masse von ca. 368 Kg schlug der Impaktor mit einer relativen Geschwindigkeit von ca. 10,3 km/s (etwa 37.000 Kilometern pro Stunde) auf die Oberfläche von Tempel 1 auf. Die Energie des Aufschlages betrug 19 Gigajoule oder 4,5 Tonnen TNT. Die Geschwindigkeit des Kometen wurde durch den Einschlag lediglich um 0,0001 mm/Sekunde verringert! Das sind 0,36 mm/h!!! Bei einer Geschwindigkeit des Kometen von rund 30 Kilometer/Sekunde sind 0,0001 Millimeter/Sekunde nicht gerade ermutigend. Nun muss fairerweise hinzugefügt werden dass der Komet Tempel 1 mit einer Größe von 7,5 x 5 Km $7,2 \times 10^{13}$ kg (72 Milliarden Tonnen) schwer ist. Das ist tausendmal die Masse von unsrem Freund 2004MN4.

Und nun das erstaunlichste an der Geschichte: Die ESA will das Projekt Don Quijote erst dann starten wenn die Einschlagswahrscheinlichkeit weiterhin nicht unter 1 % fällt. Alles was unter 1 % liegt ist also für die ESA hinnehmbar?! Sind 0,99 % OK und 1,01% nicht OK? Falsche Einstellung im Zeitalter moderner Raumfahrt. Na ja, die ESA bräuchte mehr Geld, das EU Parlament sollte gefälligst mehr Geld genehmigen!

Seitens der NASA gibt es ein Preisausschreiben von 50.000 USD (Sie haben richtig gelesen: fünfzigtausend) für den besten Vorschlag, einen Peilsender auf 2004MN4 zu platzieren. Das ist weniger Geld als ein gewöhnlicher Krimineller an Kopfgeld wert ist! Was stimmt hier nicht? Ein Killer der locker so viele Menschen umbringen könnte dass wir in den Bereich eines Weltkrieges rücken und es gibt 50.000 $ für einen guten Vorschlag? Sollten wir Pech haben und 25.Mio. Tote beklagen so macht das 0,002 Cent / Mensch! Wir haben uns dazu hinreißen lassen Atomare Arsenale für den Overkill an uns selbst aufzubauen und jetzt schauen wir wie die Lämmer in den Himmel und hoffen dass alles gut geht? Und gerade als dieses Kapitel entsteht kommt folgende Meldung:

„Asteroid schrammt an Erde vorbei

Der kürzlich entdeckte Asteroid "2009 FH" mit einem Durchmesser von etwa 20 Metern rast am Mittwochabend in einer Entfernung von 85 000 Kilometern an der Erde vorbei.

Wie das Interportal "Spaceweather" mitteilte, konnte in Nordamerika das kosmische Geschoss im Gestirn der Zwillinge beobachtet werden.

Es handelt sich bereits um den zweiten Asteroiden in diesem Monat, der nahe an der Erde vorbeifliegt. Am 2. März zog der Asteroid "2009 DD45" mit einem Durchmesser von etwa 35 Metern in einer Entfernung von 72.000 Kilometern vorbei.

Die beiden Asteroiden sind ihrer Größe nach mit dem Himmelskörper vergleichbar, der vermutlich die Tunguska-Katastrophe im sibirischen Wald von 1908 verursacht hat. Beim Einschlag wurde der Wald auf einer Fläche vernichtet, die ungefähr der des heutigen Moskaus entspricht.

Die Stärke der Explosion betrug zehn bis 40 Megatonnen Trotyläquivalent, was der Energie einer mittelgroßen Wasserstoffbombe entspricht." **MOSKAU, 18. März 2009 (RIA Novosti).**

Kleine Randbemerkung: 40 Megatonnen TNT entsprechen nicht der Energie einer mittelgroßen Wasserstoffbombe, das ist schon nahe an der größten Explosion die jemals vom

Menschen ausgelöst wurde (die Zar Bombe- aber dazu später mehr) mit geschätzten 50 Megatonnen TNT.

Und für diejenigen die immer noch an der Gefahr zweifeln, der nächste Beitrag:

„San Francisco - Es ist 65 Millionen Jahre her, dass der Chicxulub-Asteroid im heutigen Mexiko auf die Erde schlug und die Dinosaurier auslöschte. Trotz wissenschaftlicher Fortschritte bei der Entdeckung gefährlicher Objekte und in der Theorie der Asteroiden- Abwehr stehe die Menschheit heute nicht viel besser da als die wehrlosen Dinosaurier damals, mahnt der ehemalige Apollo-9-Astronaut Rusty Schweickart, Vorsitzender des Komitees für erdnahe Objekte im Astronautenverband ASE (Association of Space Explorers). "Die Dinosaurier hatten weder ein Warnsystem, noch Abwehr-Möglichkeiten und auch kein Entscheidungsgremium. Wir verfügen über die ersten beiden Dinge, aber solange es keine Handlungsstrategie gibt, sind wir genauso verwundbar wie die Dinosaurier".

"Wir brauchen eine gemeinschaftliche Antwort", sagt der Österrcicher Walther Lichem. Der frühere Präsident des Verbands der europäischen Weltraumorganisationen (EURISY) gehört der ASE- Expertenkommission an. "Wir wissen nicht genau, ob es morgen oder in hundert Jahren passiert, aber die Kosten eines Einschlags sind so groß, dass jede Maßnahme der Verhinderung nur ein Bruchteil davon ausmachen würde." Selbst ein Einschlag von nur mittlerer Größe könnte weltweit zu Trillionen Dollar Schaden führen, lautet die Prognose.

Wer gibt Warnungen heraus? Wer bezahlt die Abwehrreaktion? Wer entscheidet, wann ein Asteroid abgelenkt werden soll? Die Wissenschaftler listen bisher ungeklärte Fragen in ihrem Bericht auf. Schweickart zufolge ist es technisch prinzipiell möglich, einen Asteroiden mit unbemannten Raumschiffen von seinem Kurs abzudrängen, so dass er an der Erde vorbeifliegt. Das sei "spottbillig", meint Lichem, verglichen mit den Schäden, die eine Kollision anrichten würde. Schweickart vergleicht es mit einer Autoversicherung, die jeder selbstverständlich zahlt. "Derzeit rasen wir ohne Versicherung durch das Sonnensystem, dabei bräuchten wir nur eine kleine Summe zur Seite zu legen, ein paar kluge Köpfe zu beschäftigen und einen weltweiten Notfallplan auszuarbeiten."'' **(Stuttgarter Nachrichten online FREITAG, 10.04.2009)**

Das mit den Trillionen $ oder Euro wäre nicht das Problem. Das kriegen wir hin. Homo sapiens hat durch die Finanzkrise bewiesen (gerade in 2008/2009) dass Trillionen $ oder Euros auch von der Spezies Homo sapiens Finanzluftikus verbrannt werden können, ohne dass ein Asteroid bei uns einschlägt. Die Wirtschaftskrise 2009 ist zwar unangenehm und könnte sich in 2010 noch verschlimmern, aber wir überleben das. Das Problem bei einem Asteroideneinschlag sind die möglichen 20- 30 Mio. Tote.

Sollte es immer noch Zweifler geben, bitte, hier der nächste Beitrag:

„Mit einem„Asteroid "2009 BD81" für die Erde im Jahr 2044 ein Risiko-Kandidat?

Bei Beobachtungen des Astronomen Robert Holmes vom Astronomical Research Institute konnte er einen neuen, bisher unbekannten Asteroiden sichten.

Das nicht sehr große Objekt könnte im Jahr 2044 für die Erde dennoch eine Gefahr bedeuten, wurde jetzt berichtet.

Am 27. Februar 2009 wird der Asteroid im Abstand von sieben Millionen Kilometern an unserem Planeten vorbeihuschen. Nach den Berechnungen des Institutes macht dieser Asteroid im Jahr 2042 seine Weltraumtour an der Erde im Abstand von nur mehr 35.000 Kilometer.

Mit einem Durchmesser von 0,314 Kilometer wird dieses Objekt als gefährlich eingestuft und unterliegt einer ständigen Beobachtung. Die Flugbahn des Asteroiden, so wurde errechnet, könnte sich im Jahr 2044 der Erde noch mehr annähern." **(Shortnews online 09.02.09 19:58 Uhr)**

Und zuletzt eine etwas ältere Nachricht, allerdings über einen Kandidaten der aufgrund seiner Größe erheblich mehr Schaden anrichten würde als unser 2004MN4 . Noch ist über seine Bahn wenig bekannt, wir wissen nicht genau wann er wiederkommt:

„Asteroid passiert Erde in wenigen Stunden

In der Nacht zum Montag wird ein Asteroid haarscharf an der Erde vorbeischrammen. Forscher freuen sich auf die Gelegenheit, das kosmische Geschoss aus nächster Nähe zu studieren - und beraten zugleich, wie man die Erde gegen einen solchen Koloss verteidigen könnte.

Zur globalen Katastrophe fehlte nur eine Winzigkeit - zumindest nach astronomischen Maßstäben: In rund 432.000 Kilometern Entfernung wird der Asteroid "2004 XP14" am Montag um 6.25 Uhr deutscher Zeit an der Erde vorbeirauschen. Das ist nur wenig mehr als der durchschnittliche Abstand zwischen Erde und Mond - und in den Augen von Wissenschaftler denkbar knapp. Wie knapp, macht eine Orbit-Simulation der NASA deutlich.

"2004 XP14" wurde am 13. Dezember 2004 von der Lincoln Laboratory Near Earth Asteroid Research (Linear) entdeckt, einem Projekt, bei dem der Himmel kontinuierlich mit Kameras nach möglicherweise gefährlichen Objekten abgesucht wird. Astronomen mussten nach dem Fund von "2004 XP14" erst eine Weile rechnen, ehe sie sicher sein konnten, dass der Himmelskörper nicht auf der Erde einschlagen wird.

Ein solcher Treffer hätte angesichts der Größe von "2004 XP14" verheerende Folgen. Wie der Online-Dienst "Space.com" berichtet, schätzen Experten den Durchmesser des Asteroiden aufgrund seiner Helligkeit auf 410 bis 920 Meter. Was ein solcher Brocken in etwa anrichten würde, kann man bei Bedarf mit dem "Earth Impact Effects Programme" der University of Arizona ausrechnen.

Wäre der Asteroid nur 450 Meter groß und bestünde aus porösem Gestein, entspräche die Energie des Aufpralls 2160 Megatonnen TNT - etwa so viel wie 166.000 Hiroshima-Bomben. Wäre "2004 XP14" mit 900 Metern Durchmesser doppelt so groß, würde sich seine Einschlagsenergie bereits fast verzehnfachen - auf knapp 20.000 Megatonnen TNT.

Der Brocken wird der Erde am Montag so nahe kommen, dass er vom Minor Planet Center in Massachusetts in den USA in die Liste der "Potentiell Gefährlichen Asteroiden" aufgenommen wurde. Nur 782 unter den mehreren Millionen Asteroiden des Sonnensystems befinden sich ebenfalls auf dieser Liste.

Seltene Gelegenheit für Wissenschaftler

Da inzwischen klar ist, dass der "2004 XP14" die Erde verfehlen wird, dürfen sich Astronomen auf die Begegnung freuen. Denn schon mittelgroße Teleskope dürften ausreichen, den Asteroiden zu erspähen. Mit hochfrequenten Radiowellen wollen die Forscher seine genaue Größe, Form, Masse und Geschwindigkeit feststellen.

Einen noch knapperen Vorbeiflug wird es erst wieder im Jahr 2029 geben: Am 13. April wird der rund 400 Meter große "99942 Apophis" in einer Entfernung von nur 32.000 Kilometern an der Erde entlangschrammen - nahe genug, dass er in Asien und Nordafrika sogar mit dem bloßen Auge sichtbar sein wird.

Die immer neuen Erkenntnisse über die gefährlichen Brocken aus dem All bewegen Experten dazu, über mögliche Gegenmaßnahmen nachzudenken. In dieser Woche treffen sich laut "Space.com" Fachleute bei der NASA, um die Bedrohung durch Asteroiden zu erörtern. Bis zum Ende des Jahres soll die amerikanische Raumfahrtbehörde dem US-Kongress einen Bericht darüber vorlegen, wie ein Asteroid mit Kurs auf die Erde abgelenkt werden könnte.

Ideen kursieren bereits zuhauf - etwa den Beschuss von Asteroiden mit Lasern, Atombomben oder Festkörpern oder sanftere Methoden wie etwa das Abschleppen mit Hilfe eines Raumschiffs." **(Spiegel online 02.07.2006)**

Entsteht bei Ihnen nicht allmählich das Gefühl, dass da draußen, aber nicht sehr weit draußen, sondern eher in unserem planetaren Vorgarten ein Poker Spiel stattfindet, bei dem wir Menschen noch nicht einmal am Tisch sitzen und aktiv mitspielen? Haben Sie nicht die Sorge dass bei diesem tödlichen Poker, wir Menschen im Moment lediglich als Croupiers die Karten teilen und zusehen wie das Spiel ausgeht? Wie finden Sie den Vorschlag: lasst uns gar nicht dieses Spiel als Poker stattfinden, wandeln wir es in ein Schachspiel um und nehmen wir uns gleich die weißen Figuren!

Zwischen 1975 and 1992 registrierte das weltraumgestützten US Raketen Frühwarnsystem **NORAD -North American Aerospace Defense Command** 136 heftige Explosionen in der oberen Atmosphäre, also in einer Höhe zwischen 15 und 50 Kilometer. In der 21-Nov-2002 Ausgabe des Magazins "Nature", veröffentlichte Peter Brown / University of Western Ontario seine Studie gestützt auf die Aufzeichnungen des US Raketen Frühwarnsystems und identifizierte 300 Detonationen welche durch Meteoriten (Asteroide) mit einem Durchmesser zwischen 1 – 10 Metern ebenfalls in der oberen Atmosphäre verursacht wurden. Glücklicherweise wurden durch diese Detonationen keine falschen Alarme ausgelöst, in der Ära des kalten Krieges hätte das verheerend ausgehen können.

Nun stellt sich die Frage, wie lange bräuchten wir um ein vernünftiges, sicheres, dauerhaftes Abwehrkonzept fertig zu stellen und in Position zu bringen? Monate , Quartale, Jahre, Jahrzehnte ?

Den meisten Experten zufolge benötigt man in etwa 20 Jahre um ein Gesamtkonzept zu planen, neue Trägersysteme (Raketen) zu entwickeln, zu testen und dann einzusetzen.

Lassen Sie uns mal das wohl jedem bekannte Space Shuttle Programm Revue passieren. Das jetzt auslaufende Space-Shuttle Programm wurde 1965 angedacht (also in einer Zeit als das Apollo Programm noch auf Hochtouren lief), man wollte aus Kostengründen ein wieder verwendbares Raumschiff entwickeln. 1969 wurde dann das Vorhaben konkret ausgeschrieben und in der jetzigen Form 1972 beschlossen. 1975 war dann der erste Orbiter (die Enterprise) fertig gebaut. 1977 fand der erste Flugversuch statt, allerdings handelte es sich hierbei um einen reinen Landeanflug ohne Antrieb, nachdem der Orbiter von einer Boeing 747 huckepack in die Luft getragen wurde. 1979 wurde der erste raumflugfähige Orbiter (die Columbia) an die NASA ausgeliefert.
1981 schließlich, am 12. April, startete die Columbia zu ihrem gelungenen Jungfernflug.

16 Jahre also, vom Reisbrett bis zum ersten Start!!! Irgendwann zur Routine geworden (scheinbar), waren und sind die Shuttle Flüge, wie wir heute wissen, hochriskante Angelegenheiten. 2 von 5 Raumfähren (die Columbia in 2004 und die Challenger in 1986) gingen bekanntlich verloren. Und die Russen, zu der Zeit noch die Sowjets, hatten bedauerlicherweise Ihren Raumgleiter (BURAN-Schneesturm) auf Eis gelegt, mangels Geld, bevor deren Orbiter überhaupt richtig flügge wurde. Ein einziges mal, am 15. November 1988 gelang der Start der unbemannten Raumfähre. Nach 2 Erdumrundungen landete die Buran automatisch gesteuert, sicher in Baikonur. Die Europäer haben die Investition von 6 Milliarden Euro in ihren Raumgleiter Hermes gescheut (tausende von Milliarden wurden 2008/2009 in Bankensanierungen gesteckt), die lächerlichen 6 Milliarden

für Hermes wurden nicht genehmigt!!! 1993 wurde das Projekt Hermes stillgelegt.

Was optimistisch stimmt ist die Tatsache dass die ISS, mittlerweile fast fertig gestellt, als Sprungbrett quasi bereit steht. Eine einzige Weltraumstation in Orbit, na ja, mehr haben wir leider nicht zu bieten. Bleibt zu hoffen das die Lebenszeit der ISS lange genug ausgelegt wurde.

Die Prioritäten der Weltraumbehörden sind zwar sehr schön, man denkt an Marsflüge, erneuten Flügen Zum Mond usw. doch was nutzt das uns wenn morgen der nächste (heute noch unbekannte) Asteroid auftaucht und uns bedroht? Warum sollen wir als Menschheit nicht so handeln und denken wie es der einzelne (normale) Mensch tun würde? Zuerst das eigene Grundstück sauber halten und erst danach zum nächsten oder übernächsten rennen?

3. Die Entdeckung des Asteroiden in 2004.

Im folgenden Kapitel soll die Chronologie der Entdeckung, das Verschwinden und die Wiederentdeckung von 2004MN4 kurz wiedergeben werden. Seine Bezeichnung beginnt mit 2004, dem Jahr seiner Entdeckung.

19. Juni 2004. Im Kitt-Peak-Nationalobservatorium in Arizona wurde unser Bösewicht 2004MN4 von Roy Tucker, David J. Tholen und Fabrizio Bernardi entdeckt. 2 Nächte lang konnten sie ihn verfolgen. Danach verloren Ihn die Astronomen aus den Augen, bzw. 2004MN4 konnte nicht wieder geortet werden!!!

Dieser verdammte Killer raste auf uns zu und wir konnten ihn nicht orten!

18. Dezember 2004. Das Objekt wird wiederentdeckt, diesmal aus Australien, von Gordon Garradd vom Siding Spring Survey. Genauere Daten über die Flugbahn waren noch nicht zu ermitteln. Aber zumindest waren wir wieder dran!

23. Dezember 2004. Die NASA konnte den wieder georteten Asteroiden, genauer einschätzen. Seine Größe wurde auf ca. 450 Meter geschätzt und die Einschlagwahrscheinlichkeit mit 1: 233 berechnet. Auf der im nächsten Kapitel zu findenden Turiner Skala wurde er mit 2 eingestuft und sorgte für gewisse Aufregung.

24. Dezember 2004. Die Größe des Asteroiden wird zunächst auf 390 Meter, kurz darauf auf 380 Meter nach unten korrigiert. Die Einschlagwahrscheinlichkeit wurde nach oben korrigiert, es wurden Werte zwischen 1: 37 und 1: 45 angegeben. Auf der Turiner Skala wurde er mit 4 bewertet. Der höchste je einem Asteroiden zugeordnete Wert. Nun war er in den Schlagzeilen! Seine Masse wurde auf 7,5 x 10 hoch 10 Kg. berechnet Das sind 75.000.000.000 Kilogramm oder 75.000.000 Tonnen (75 Millionen Tonnen)!

26. Dezember 2004. Die Einschlagswahrscheinlichkeit wird mit 1: 45 weiter als sehr hoch beibehalten, Durchmesser und Masse weiterhin mit 380 Meter bzw. 75 Millionen Tonnen geschätzt.

27. Dezember 2004. Die Einschlagwahrscheinlichkeit wird wieder auf 1: 36 erhöht und die Masse auf 79 Millionen Tonnen neu geschätzt.
2004MN4 bleibt immer noch in den Schlagzeilen. Anders ausgedrückt, es besteht eine Trefferwahr-scheinlichkeit von 2,7 %!!! Es gibt eine Weltkarte mit einem Pfad der anzeigt wo 2004MN4 herunter krachen könnte!

03. Februar 2005. Die NASA berechnet für die Wiederkehr von 2004MN4 am 13. April 2029 einen Vorbeiflug in 30.000 Km Entfernung und stuft den Asteroiden wieder auf Stufe 1 zurück (Turiner Skala). Die Größe des Asteroiden wird nun auf 320 Meter geschätzt.

11. April 2005 Arecibo/ Puerto Rico . Die letzte möglich Peilung von 2004MN4 mit Hilfe des größten Radioteleskops ergab folgendes: die Annäherung zur Erde am 13. April 2029 wird 36000 +/- 9900 km betragen!!! Nach einer etwas aufwendigeren Recherche hat sich nun folgendes ergeben: Die Berechnung bezieht sich auf den Erdmittelpunkt unseres Planeten. Bei einem Erddurchmesser von rund 12.700 Km beträgt demnach der Erdradius rund 6.350 km. Das heißt 2004MN4 wird, wenn die Berechnungen stimmen, im Abstand von 29.650 +/- 9900 Km an der Erdoberfläche vorbeirauschen! Das ist nicht atemberaubend knapp, das ist zum Herzkasper kriegen. Diese Berechnungen sind vorläufig, erst in 2013 kann der Asteroid 2004MN4 wieder angepeilt werden. Danach ist er bis zum Jahre 2020 wieder weg und für uns nicht verfolgbar!

4. Die Turiner Skala

Die Turiner Skala versucht, in Abhängigkeit von Objektgröße und Einschlagswahrscheinlichkeit, Asteroide (und auch Kometen) zu klassifizieren. 2004MN4 wurde zeitweise mit 4 eingestuft, die höchste jemals vergebene Stufe seit Anwendung. Später wurde 2004MN4 niedriger eingestuft.

Ereignisse, die höchstwahrscheinlich keine Konsequenzen haben	0	Die Kollisionswahrscheinlichkeit ist Null oder deutlich geringer als die Wahrscheinlichkeit, dass ein beliebiges Objekt vergleichbarer Größe die Erde in den nächsten Jahrzehnten trifft. Diese Einstufung gilt gleichfalls für jedes kleine Objekt, das im Kollisionsfall die Erdoberfläche nicht als ganzes erreicht.
Ereignisse, die sehr unwahrscheinlich sind	1	Die Kollisionswahrscheinlichkeit ist sehr gering und vergleichbar damit, dass ein beliebiges Objekt vergleichbarer Größe die Erde in den nächsten Jahrzehnten trifft
	2	Eine nahe, aber keine ungewöhnliche Annäherung. Eine Kollision ist sehr unwahrscheinlich.
Ereignisse, die eine genaue Beobachtung von Astronomen erfordern	3	Eine Annäherung, für die die Kollisionswahrscheinlichkeit über 1% liegt. Die Kollision würde lokale Zerstörung verursachen.
	4	Eine Annäherung, für die die Kollisionswahrscheinlichkeit über 1% liegt. Die Kollision würde regionale Zerstörung verursachen.

bedrohliche Ereignisse	5	Eine große Annäherung mit einer großen Kollisionswahrscheinlichkeit, die regionale Zerstörungen verursachen kann.
	6	Eine große Annäherung mit einer großen Kollisionswahrscheinlichkeit, die globale Zerstörungen verursachen kann.
	7	Eine große Annäherung mit einer sehr großen Kollisionswahrscheinlichkeit, die globale Zerstörungen verursachen kann.
sichere Kollisionen	8	Eine Kollision, die lokale Zerstörung verursacht. Solche Ereignisse finden alle 50 bis 1000 Jahre statt.
	9	Eine Kollision, die regionale Zerstörung verursacht. Solche Ereignisse finden alle 1000 bis 100.000 Jahre statt.
	10	Eine Kollision, die globale Zerstörung verursacht. Solche Ereignisse finden alle 100.000 Jahre oder seltener statt.

5. Die Palermo Skala

Die Palermo Skala ist für den mathematisch durchschnittlich begabten Menschen untauglich, weil zu komplex. Ich wiedergebe sie der Vollständigkeit halber etwas weiter unten.

Die Palermo Skala ist eine logarithmische Skala, die verwendet wird, um das Risiko zu berechnen, das von einem möglichen Einschlag eines Himmelskörpers ausgeht. Sie kombiniert die Wahrscheinlichkeit des Einschlags und die geschätzte kinetische Energie (Masse x Geschwindigkeit) des Objekts zu einem einzigen Wert.

Ein Wert von 0 entspricht dabei einem Risiko, das dem Hintergrundrisiko entspricht. Dieses ist definiert als das durchschnittliche Risiko für ein Objekt vergleichbarer Größe, die Erde im entsprechenden Zeitraum zu treffen. Eine Palermozahl von +2 bedeutet eine 100-fach höhere Gefahr als durch das Hintergrundrisiko.

Die Palermozahl P ist definiert als Zehnerlogarithmus des Verhältnisses zwischen der Einschlagswahrscheinlichkeit p_i zum Hintergrundrisiko (dem Produkt aus dem jährlichen Hintergrundeinschlagsrisiko f_B und der Zeit bis zum erwarteten Einschlagsereignis in Jahren T):

$$P = \log_{10} \frac{p_i}{f_B T}$$

Das jährliche Hintergrundeinschlagsrisiko f_B ist definiert als

$$f_B = 0{,}03\, E^{-0{,}8}$$

mit der kinetischen Energie E des erwarteten Einschlags in Megatonnen TNT. Die mathematisch begabten unter Ihnen werden nun sicher mit Freude an die Arbeit gehen.

6. Die nach oben nicht offene Richter Skala

Die Verwüstung die durch die Explosion eines Asteroiden auf oder unmittelbar über der Erdoberfläche entsteht ist primär von der Größe des Asteroiden abhängig. Nicht zu vernachlässigen ist auch die Beschaffenheit desselben. Man kann deshalb, vereinfacht 4 Kategorien unterscheiden:

1 Asteroide/Kometen aus porösem Gestein
2 Asteroide aus festem Gestein
3 Asteroide aus Gestein/Metall
4 Asteroide aus Metall

Dass bei Kategorie 1 Asteroide/Kometen steht ist kein Widerspruch, poröse Asteroide sind ehemalige Kometen, die bei ihren unzähligen Reisen, in Sonnennähe ihr gesamtes Wasser- und Methaneis verloren haben.

Von 1 zu 4 ist die Dichte bzw. das spezifische Gewicht aufsteigend. Je höher die Dichte desto größer wird der Schaden sein. Die Geschwindigkeit ist neben der Größe der zweitwichtigste Faktor, jedoch ist diese mit etwa 50.000 bis 60.000 Km/h nicht sehr variabel.

Das Kollisionsverhalten von Kategorie 1 ist am wenigsten schädlich. Das poröse Gestein zerbröselt, durch enorme Torsions- –und Zugkräfte, bedingt durch die Gravitation und die Reibung mit der Atmosphäre, verglüht und / oder verdampfen sie. Bei Exemplaren von 5 – 20 Meter Durchmesser kommt es zu einer Explosion in 6-10 Km Höhe (Tunguska Phänomen). In der genannten Größe also keine wirkliche Bedrohung für uns.

Asteroide der Kategorie 2-4 schlagen auf der Oberfläche auf, dringen je nach ihrer Größe 100 Meter oder einige hundert Meter in die Erdkruste ein, Apophis würde einen 1500 Meter tiefen Krater schlagen und danach explodieren , weil die kinetische Energie schlagartig in thermische Energie umgewandelt wird. Es entsteht ein Krater dessen Durchmesser abhängig ist von der Gesamtenergie des Einschlages. Ein Kategorie 4 (Metallasteroid) verursacht in etwa die doppelte Einschlagenergie wie ein Kategorie 2 (Felsen oder Gestein) Unser Freund 2004MN4/99942 würde einen Krater mit dem Durchmesser von ca. 11,5 Km hinterlassen!!! Im günstigsten Fall. Sollte die Beschaffenheit Kategorie 4 zuzuordnen sein so wäre der Durchmesser ca. 20 Km!

Anders formuliert, der Asteroid verursacht eine Explosion von der Stärke von ca. 65.000 Hiroshima Bomben, mit allem was dazugehört, ausgenommen Radioaktivität. Aber auf die Radioaktivität komme ich nochmals zurück.

Was hat es nun mit der Richter Skala auf sich? Die Richter Skala versucht, Erdbeben zu klassifizieren und ist die meist zitierte Skala in den Medien. Ist sie nun nach oben offen oder nicht? Ist sie tauglich um das Erdbeben bei einem Asteroideneinschlag zu berechnen? Nein, sie ist es nicht. Aber dieses Missverständnis ist aus den Köpfen der Menschen nicht wegzukriegen. Die Richter Skala beginnt logischerweise mit der Stärke 1.Und sie besagt folgendes:

Stärke 1 = Mikroerdbeben, vom Menschen nicht spürbar, ca. 8.000 Mal pro Tag weltweit.

Stärke 3 = Sehr leicht, vom >Menschen oft spürbar, Schäden jedoch sehr selten. ca. 50.000 Mal pro Jahr weltweit.

Stärke 5 = Mittleres Beben. Bei anfälligen Gebäuden ernste Schäden, bei robusten Gebäuden leichte oder keine Schäden. ca. 800 Mal pro Jahr weltweit.

Stärke 7 = Große Zerstörung über weite Gebiete, ca. 18 pro Jahr weltweit.

Stärke 8 = Sehr große Zerstörungen in Bereichen von einigen hundert Kilometern, ca. 1 pro Jahr weltweit.

Stärke 9 = Extrem große Zerstörungen in Bereichen von tausenden Kilometern. ca. alle 1 bis 20 Jahre weltweit.

Stärke 10 = Globale Katastrophe, niemals registriert, extrem selten (unbekannt).

Im Epizentrum eines Asteroideneinschlages von der Kategorie des Apophis, käme es zu Erschütterungen von 13 oder 14 auf der Richter Skala. Die Richter Skala kann darüber nichts aussagen. Die Seismologen, die ich im Zuge der Recherchen für dieses Buch angesprochen habe, trafen allesamt dieselbe Aussage: stellen Sie ein neues Team auf, nehmen Sie Seismologen und Programmierer ins Team und lassen Sie neue Modelle berechnen. Mit der Richter Skala kommt man da nicht weiter. Soviel zu dem Thema, „die nach oben offene Richter Skala".

7. Gibt es Trojaner im Weltraum?

Woran denken Sie, wenn der Begriff Trojaner fällt? Na klar, abgeleitet von dem hölzernen Pferd, welches die Belagerer vor Troja hinstellten um die Belagerten zu überlisten, was laut Überlieferung auch klappte, haben wir es in der Ära von PCs und Laptops mit Trojanern auf unseren Festplatten zu tun. Diese kleinen Biester versuchen uns auszuspionieren und täuschen uns irgendwas anderes vor. Ob es nun das Original, das hölzerne Pferd vor den Toren Trojas gab oder nicht, wir wissen es nicht. Die Trojaner auf unseren Festplatten gibt es aber mit Sicherheit. Also noch mal: Gibt es Trojaner im Weltraum? Ja es gibt sie!

Wie kommen Trojaner in den Weltraum und was ist das eigentlich fragen Sie sich? Anhänger der Theorien von Marsmenschen oder sonstigen außerirdischen Wesen werden schnell mit der Antwort zur Stelle sein: irgendwelche mysteriösen Raumschiffe (aber sicherlich nicht aus Holz und auch nicht in der Gestalt eines irdischen Wesens nämlich eines Pferdes) sind im Weltraum geparkt, um uns zu beobachten. Unsinn.

Oder gab es auf den Festplatten unserer Raumschiffe vielleicht Trojaner? Und logischerweise, wenn dann eins unserer Raumschiffe im Weltraum seine Kreise zieht, fliegt der Trojaner unfreiwillig mit? Das wäre zumindest theoretisch möglich, ist aber doch eher unwahrscheinlich.

Die Trojaner im Weltraum sind Himmelskörper von bis zu mehreren hundert Kilometer Durchmesser. Sie folgen, vor allem den Riesenplaneten Jupiter und Saturn, bedingt durch deren enorme Gravitation, ihnen auf deren Umlaufbahnen um die Sonne. Sie sind also keine Monde der entsprechenden Planeten, die Trojaner kreisen ja nicht um die Planeten, sie folgen den Planeten auf ihrem Weg um die Sonne. Weshalb wir Menschen sie Trojaner nennen? Möglicherweise weil wir ursprünglich dachten es sind Monde und uns getäuscht haben. Dabei versuchten die armen Weltraumtrojaner ja gar nicht, uns was vorzumachen. Sie folgen den Gesetzen der Gravitation, sie können gar nicht anders. Zumindest haben wir einigen von ihnen schöne Namen verliehen, in Anlehnung an den Trojanischen Krieg. Der erste Jupiter Trojaner (Achilles) wurde 1906 entdeckt, der größte (Hector 370 × 195 Km) in 1907, der bislang letzte 1996. Insgesamt sind über 3100 Jupiter Trojaner bekannt. Nachfolgend eine kleine Auswahl:

Eine kleine Auswahl von Jupiter Trojanern:

Name	Durchm. in Km	Entdeckungsjahr
Achilles	135,5	1906
Patroclus	105 × 95	1906
Hektor	370 × 195	1907
Nestor	108,9	1908
Priamus	117 5,x164	1917
Diomedes	164,3x5,157	1937
Antilochus	101,6 5,x106	1950
Erichthonios	?	1996
1996 PS$_1$	?	1996

wie ersichtlich, irgendwann reichten die griechischen Namen nicht mehr aus, es wurden nur noch Zahlen vergeben. Nun nahm man an, wenn Jupiter mehr als 3100 Trojaner eingefangen hat, sollten auch Saturn, Uranus und Neptun welche vorweisen. Tatsächlich wurde der erste Neptun Trojaner in 2001 entdeckt. Es ist 2001 QR_{322} ,230 Km im Durchmesser, (entdeckt am 21. August 2001. Der sechste und bisher letzte Neptun Trojaner wurde in 2007 entdeckt.

Mit Sicherheit werden demnächst Saturn und Uranus Trojaner entdeckt werden, daran sollte niemand zweifeln.

Sogar bei unserem kleineren Nachbarplaneten Mars wurden zwischen 1990 und 2007 vier Trojaner entdeckt. Die Mars Trojaner sind relativ klein und haben ca. 1-2 Km Durchmesser.

Unsere Erde hat möglicherweise auch einen Trojaner eingefangen, es ist 2002 AA_{29} ist ein sehr kleiner erdnaher Asteroid (50-100 Meter im Durchmesser), aber darüber ist man sich noch nicht ganz einig.

Was ist der Zweck der etwas umfangreicheren Ausführung über die Trojaner? Zum einen soll verdeutlicht werden, wir sind immer noch dabei unser Sonnensystem kennen zu lernen, zum anderen soll die bei vielen gefestigte Meinung, unser Weltraum sei eine unendlich Weite mit einigen wenigen Himmelskörpern etwas relativiert werden.

Aber nun zurück zu unserem Asteroiden 99942 Apophis oder 2004MN4. Was ist das nun genau? Apophis ist das was alle Asteroiden und Kometen sind: Bauschutt der beim Entstehen unseres Sonnensystems übrig geblieben ist. Man muss bei näherer Betrachtung feststellen, die Natur war nicht sehr sparsam. Sehr viel von dem ursprünglich vorhandenen Baumaterial ist übrig geblieben.

Wenn die Annahme stimmt, dass sich am äußersten Rande unseres Sonnensystems noch Milliarden kleinerer Himmelskörper befinden, (in der Oortschen Wolke) so könnte man vielleicht behaupten, sehr viel Material von unserem Ursonnensystem ist immer noch Bauschutt. Aber beschweren wir uns nicht darüber, für unseren Planeten war es die optimale Konstellation. Aus Sicht des dritten Planeten, Erde, hätte es nicht besser laufen können.

Vom Gasriesen Jupiter, Planet Nummer fünf, vom Inneren des Sonnensystems nach außen gezählt, hing sehr vieles ab. Jupiter war drauf und dran selbst eine Sonne zu werden. Hätte Jupiter (der mit Abstand größte Planet unseres Sonnensystems) noch mehr Materie absorbiert und seine Masse weiter vergrößert, er hätte vielleicht den Sprung geschafft selbst eine Sonne (ein Stern) zu werden.

Und eine zweite Sonne wäre wohl eine interessante Fügung gewesen, ein Doppelstern Sonne/ Jupiter sozusagen. Dies ist auch die Regel, die meisten Sternsysteme sind Doppel- oder Dreifachsterne. Für eine Erde mit Bedingungen für das Entstehen des Lebens wäre kein Platz übrig. So soll der gute und riesige Jupiter also weiterhin als enormer Staubsauger durch sein gewaltiges Gravitationsfeld den einen oder anderen vagabundierenden Brocken einfangen und wir hier, auf der Erde haben unsere (vermeintliche) Ruhe.

oben: Komet Hale-Bopp. Quelle: NASA/JPL

Stichwort Bauschutt: lassen Sie uns mal einen Blick auf unser Sonnensystem werfen um besser zu verstehen wo und wie all dieser 4,6 Milliarden Jahre alte Bauschutt lagert bzw. herumfliegt und was wir bisher über unser Sonnensystem wissen.

Eine moderne Interpretation unseres Sonnensystems könnte so aussehen wie nachfolgend beschrieben.

Sie fragen sich möglicherweise wieso Interpretation? Steht denn nicht alles längst fest? Wir kennen doch unser Sonnensystem?! Nun ja, wir kennen einen Teil unseres Sonnensystems, manches davon sogar sehr gut. Das Allermeiste haben wir in unserem Sonnensystem jedoch noch nicht entdeckt. Die Annahme, unser Sonnensystem sei ein fertiges, aufgeräumtes System von Himmelskörpern, welches wie ein Schweizer Uhrwerk funktioniert stimmt nicht. Auch die Aussage (man findet sie häufig in älteren Sach- und Fachbüchern) unsere Sonne habe 99,9 % der Materie unseres Sonnensystems vereinnahmt, stimmt längst nicht mehr. Unseren früheren neunten Planeten, Pluto, konnten wir bis heute nicht richtig fotografieren. Jenseits des Pluto konnten wir bis vor kurzem gar nichts entdecken, die schier unglaubliche Entfernung und das mangelnde Sonnenlicht hat dies verhindert. Aber das ändert sich jetzt rapide, wir entdecken sogar Himmelskörper die größer sind als Pluto und ein Vielfaches weiter entfernt sind, die neuen Raumsonden ermöglichen das. Wieso können wir in vielen Millionen Lichtjahren entfernte Galaxien und Galaxienhaufen so gut erkennen und die nur wenige Lichtstunden entfernte Objekte in unserem Sonnensystem nicht? Es liegt daran, dass alle Himmelskörper, die Sterne (Sonnen) ausgenommen, einfallendes Licht reflektieren. Planeten, Monde, Asteroide usw. strahlen kein eigenes Licht ab Je weiter ein Himmelskörper von einer Sonne entfernt ist, desto weniger Licht reflektiert er. Sterne hingegen strahlen genau das ab was wir sehen können, Licht.

Vor ca. 4,6 Milliarden Jahren explodierte, da wo sich heute unsere Sonne befindet, eine Supernova. Mit anderen Worten, ein größerer Stern als unsere heutige Sonne war „gestorben". Dabei wurden riesige Mengen an Material in den Weltraum geschleudert. Dieses Material formte sich zu einer abgeflachten Scheibe und rotierte um den Mittelpunkt der Scheibe. Dem Gesetz der Gravitation folgend, organisierte sich ein Teil dieser Materie und es entstanden die Vorläufer der heutigen Planeten, so genannte „Protoplaneten" und deren Monde. Schließlich schafften es die Planeten und ihre Monde ihre jeweiligen Umlaufbahnen zu „säubern", d.h. den überwiegenden Teil der Materie einzufangen.

Heute kennen wir 8 Planeten mit insgesamt 168 (!) Monden. Die meisten Monde (63) kreisen um Jupiter.

All das Material das es nicht schaffte, sich zu Planeten und Monden zusammenzuklumpen, vagabundiert noch heute in unserem Sonnensystem umher.

1 **Die Sonne**, unser Stern und Lebensspender, verbrennt Wasserstoff zu Helium und erzeugt dabei die Energie die das Leben auf unserem Planten benötigt. In etwa 4-4,5 Milliarden Jahren wird die Sonne ihren Wasserstoff Vorrat verbrannt haben. Sie wird sich zu einem „roten Riesen" aufblähen und bis an die Umlaufbahn der Erde reichen. Dann sollten wir Menschen nicht mehr hier sein, es wird ungemütlich werden.

2 **Die inneren Planeten**, allesamt feste Himmelskörper, von der Sonne weg aufgezählt:

Merkur, Venus, Erde , Mars

Die inneren Planeten werden von ausgesprochen

wenigen Monden umkreist. Merkur und Venus haben keine Monde, unsere Erde hat bekanntlich 1 Mond und Mars wird von zwei sehr kleinen Monden umkreist.

3   **Die erdnahen Asteroide** (10 % der Gesamtzahl der Asteroide). Es werden laufend neue erdnahe Asteroide entdeckt, die Zahl wird ständig nach oben korrigiert. Im Moment sind 5528 erdnahe Asteroide bekannt.

4   **Der Asteroidengürtel** oder Hauptgürtel oder Planetoidengürtel umfasst 90 % der Gesamtzahl der Asteroide. Heute sind mehr als 400.000 Asteroide bekannt. Vermutlich sind es aber mehr als 1 Million. Der größte ist Ceres, mit einem Durchmesser von etwa 945 Kilometern, wobei Ceres heute sowohl als Kleinplanet (Zwergplanet) wie auch als Asteroid klassifiziert ist.

4A Bahnen erdnaher Asteroide.

5   **Die äußeren Planten   Jupiter(63), Saturn(62), Uranus(27), Neptun(13)** sind allesamt Gasriesen. Diese äußeren Planeten werden von sehr vielen Monden umkreist, siehe die Zahlen in den Klammern. Der größte Mond in unserem Sonnensystem ist der Jupiter Mond Ganymed, mit einem Durchmesser von 5264 km. Damit ist Ganymed größer als der Planet Merkur und fast so groß wie der Planet Mars.

5A Der Zentauren Gürtel. Eine Klasse von Asteroiden, die zwischen Jupiter und Neptun um die Sonne kreisen. Chiron ist der bekannteste von dem bunten Haufen. Chirons Durchmesser wird auf rund 135 km geschätzt. In knapp 6 Stunden rotiert er um die eigene Achse.1991 wurde um Chiron eine gasförmige Hülle (Koma) entdeckt, wodurch er heute nicht nur als Planetoid (Kleinplanet) sondern auch als (der größte bekannte) Komet eingeordnet wird. Neben seiner Bezeichnung als Asteroid trägt das Objekt daher auch eine Bezeichnung als periodischer Komet (95P/Chiron).

6 **Der Kuipergürtel mit den Kleinplaneten und Asteroiden Pluto, Haumea, Makemake, Eris, Quaoar, Varuna, Sedna, Ixion, Orcus**, insgesamt mehr als 500 Objekte, die in Umlaufbahnen im Abstand von ca. 7 Milliarden Km und mehr zur Sonne, ihre Bahnen ziehen. Einige dieser Himmelskörper werden sogar von eigenen Monden umkreist. Enttäuschung vielleicht für die älteren unter uns, Pluto hat seine Berechtigung verloren als äußerster Planet aufgeführt zu werden, so wie wir es bis vor wenigen Jahrzehnten gelernt hatten. Moderne Astronomie bündelt diese Objekte unter den Begriff „transneptunische Objekte", weil alle jenseits der Neptunbahn um die Sonne kreisen. Die eher zufällige Entdeckung der transneptunischen Objekte, hat die Annahme alles, oder das meiste, spielt sich in der Ekliptik unseres Sonnensystems ab, zutiefst erschüttert. Stellen Sie sich folgendes bildlich vor: ein sehr großer, extrem flacher Teller, in der Mitte eine Orange (unsere Sonne), und in unterschiedlichen Abständen zur Orange eine Kirsche, einen Kirschenkern, eine Traube usw. (das sind die

Planeten), die alle um die Orange kreisen, auf der gleichen Ebene. Das ist die Ekliptik. Man wusste zwar, dass Kometen sich auf anderen Bahnen bewegten, aber dass planetenähnliche Objekte sich weit außerhalb der Ekliptik befinden, das war vollkommen neu. In unserem Beispiel mit dem Teller würde das bildlich bedeuten, eine Erbse z.b. kreist nicht auf dem Teller am äußersten Tellerrand, die Erbse fliegt quasi im hohen Bogen über die Orange und die anderen Früchte. Genau so bewegen sich die transneptunischen Objekte. Von Kometen wusste man dass einige, die langperiodischen Kometen, in ihrer Umlaufbahn sehr weit ins Sonnensystem hinausgetragen werden. Der Halleysche Komet z.B. kehrt alle 76 Jahre wieder. Am entferntesten Punkt seiner Umlaufbahn ist er 35 AE (Astronomische Einheiten) von der Sonne entfernt, das sind 52,5 Millionen Km.

Zum Vergleich Sedna, ein Kleinplanet welcher in 2003 entdeckt wurde und einen Durchmesser von ca. 1.700 Km hat, Sedna also, entfernt sich von der Sonne bis auf 920 AE das sind rund 1,4 Milliarden Km! Für einen Umlauf um die Sonne benötigt Sedna 11.200 Jahre!!! Sie sehen also, wir sind immer noch dabei unser Sonnensystem kennen zu lernen.

7 **Die Oortsche Wolke.** Benannt nach dem Niederländer Jan Oort, welcher 1950 die Theorie postulierte, 200 Milliarden(!) Kometenkerne müssten in einer kugelförmigen Wolke unser Sonnensystem umschließen. Die Heimat der Kometen also. Die Wolke enthält Gesteins-, Staub- und Eisbrocken unterschiedlicher Größe, die bei der Entstehung des Sonnensystems übrig geblieben sind. Die Entfernung

zur Sonne beträgt 1 bis 1,5 Lichtjahre. Obwohl so weit von der Sonne entfernt, unterliegen die Himmelskörper der Oortschen Wolke noch dem Gravitationseinfluss unserer Sonne. Annäherung fremder Sterne, bzw. deren Gravitation können diese Brocken aus ihrer Bahn schleudern und sie so zu Kometen machen. Die Anzahl der Objekte wird relativ ungenau auf 10^{11} bis 10^{12} geschätzt. Sie haben richtig gelesen, ich musste es auch mehrfach überprüfen, deshalb noch mal: in der Oortschen Wolke befinden sich viele Milliarden Objekte!!! Die Oortsche Wolke ist, zum besseren Verständnis, so weit von unserer Sonne entfernt, dass hier etwa ein Drittel der Entfernung zum nächsten Stern erreicht wäre. Alpha Centauri ist das unserer Sonne nächstgelegene Sternsystem etwa 4,34 Lichtjahre entfernt. Es ist ein Doppelsternsystem im Sternbild Centaurus.

8   Beispielhafte Bahn eines Kometen

9   Die Heliopause. Das räumliche Ende unseres Sonnensystems. Ab hier endet der Einfluss der Sonnenstrahlung (Sonnenwind) sowie der Gravitationseinfluss der Sonne. Es beginnt der interstellare Raum.

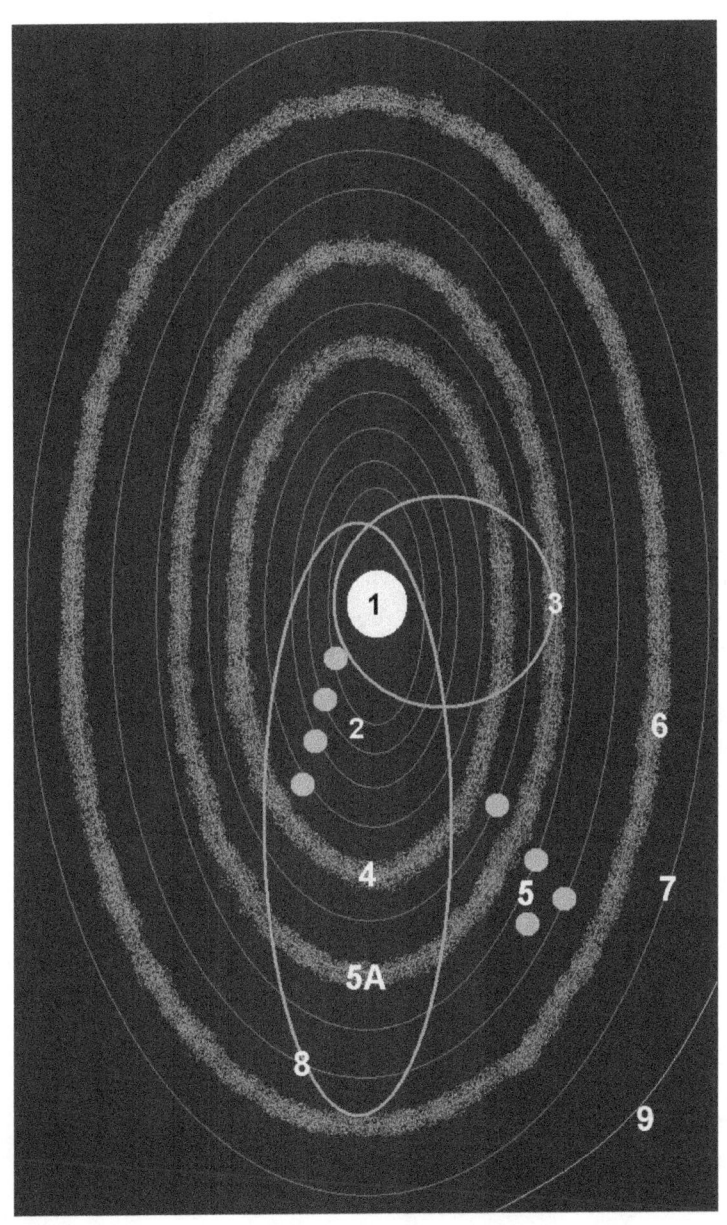

Asteroide sind, zum Unterschied von den Kometen mit ihren manchmal Hunderttausende Kilometer langen Schweifen, viel gefährlicher, weil schwerer zu entdecken. 90 Prozent der Asteroide sind zwischen der Umlaufbahn von Mars und Jupiter geparkt. Von diesen geht keine wirkliche Gefahr aus. 10 Prozent jedoch fliegen in erdnahen Bahnen umher und bedrohen uns.

Kometen bestehen aus einem Gemisch von Eis und Gestein und werden oftmals mit einem schmutzigen Schneeball verglichen. Sobald Kometen in Sonnennähe auftauchen beginnt das Eis (gefrorenes Wasser, aber auch gefrorenes Kohlendioxid und Kohlenmonoxid) an der Oberfläche zu verdampfen und erzeugt den Kometenschweif. Das gute daran ist, Kometen verlieren bei jeder Wiederkehr in das Innere unseres Sonnensystems, eben durch das Verdampfen des Eises an Masse. Anders formuliert, irgendwann haben sie sich fast komplett aufgelöst. Kometen fliegen sehr weit weg und kehren in Grossen Abständen wieder. Vermutlich verdanken wir das Leben auf unserem Planten einem apokalyptischen Kometeneinschlag vor Milliarden Jahren, der genügend Wasser mitbrachte, so dass unser Urozean überhaupt entstehen konnte.

Asteroide hingegen bestehen aus Gestein und / oder Metall. Sie verraten sich also durch keinen Schweif weil ganz schlicht und einfach nichts von ihrer Oberfläche verdampft. Sie bewegen sich, anders als die Kometen, in ernahen Umlaufbahnen. Sie reflektieren wohl Sonnenlicht was uns jedoch nicht daran hindert viele davon zu übersehen. Oftmals entdecken wir Asteroide und verlieren sie danach (manchmal für Jahrzehnte) aus den Augen. Wie das nachfolgende Beispiel erschreckend belegt:

Der Asteroid 1937 muss rein rechnerisch mehrfach an der Erde vorbeigerauscht sein - unbemerkt!

„Am 28. Oktober 1937 entdeckte der deutsche Astronom Karl Reinmuth etwa 800.000 Kilometer von der Erde entfernt den ein bis zwei Kilometer großen Asteroiden 1937 UB Hermes. Doch bevor Forscher den Himmelskörper näher untersuchen konnten, verloren sie ihn wieder aus den Augen. Amerikanische Astronomen haben den seit 66 Jahren vermissten Asteroiden jetzt wieder entdeckt, wie das Near Earth Object Program (NEO) der NASA meldet. Bereits vor einigen Jahren hatten Astronomen der Universität Heidelberg berechnet, dass Hermes sich im Oktober 2003 wahrscheinlich wieder der Erde nähern würde.

Aufgrund seiner Größe und des geringen Abstandes zur Erde zählt Hermes zu den potenziell gefährlichen Asteroiden, die bei einer Kollision mit der Erde eine weltweite Katastrophe auslösen würden. Umso beunruhigender war es, dass Hermes seit seiner Entdeckung nie mehr gesichtet worden war. Man hatte ihn lediglich zusätzlich auf einigen Fotoplatten identifiziert. Die Aufnahmen waren zwischen dem 25. und dem 29. Oktober 1937 entstanden. Die kurze Beobachtungszeitspanne reichte nur für eine grobe Bahnbestimmung aus.

Vor einigen Jahren nahmen sich die Heidelberger Astronomen Joachim Schubart und Lutz Schmadel die vorliegenden Daten und die ihnen zugänglichen Fotoplatten noch einmal vor. Aufgrund der Ungenauigkeiten in den Beobachtungsdaten konnten auch sie nicht die definitive Bahn des Asteroiden berechnen, aber sie konnten die möglichen Bahnen auf einige wahrscheinliche eingrenzen. Ein Versuch, Hermes im August 2001 mit Hilfe der Berechnungen wieder zu finden, scheiterte.

Allerdings sagten ihre Berechnungen auch eine hohe Wahrscheinlichkeit für eine Widerannäherung des Asteroiden zur Erde im Oktober des Jahres 2003 voraus.

Am 15. Oktober wurde Hermes tatsächlich von Brian Skiff vom Lowell Observatory in Flagstaff, Arizona, wieder entdeckt. Das Durchforsten einiger älterer Aufnahmen und das Zurückrechnen der Bahn bis ins Jahr 1937 brachten die Gewissheit, dass es sich bei dem gesichteten schwachen Fleck tatsächlich um Hermes handelte.

Hermes braucht für einen Umlauf um die Sonne etwas mehr als zwei Jahre. Auf seiner stark elliptischen Bahn nähert er sich der Sonne bis auf 0,6 Astronomische Einheiten (AE). Eine AE entspricht dem mittleren Abstand der Erde zur Sonne und beträgt etwa 150 Millionen Kilometer. Hermes' größter Abstand zur Sonne beträgt 2,7 Astronomische Einheiten.

Hermes' Bahn kommt der Erdbahn an zwei Stellen sehr nahe. Doch der geringste mögliche Abstand zwischen Erde und Hermes beträgt immerhin noch etwa 600.000 Kilometer. Im Jahr 1942 – das zeigen die jetzt genau berechneten Bahndaten – hat es solch eine nahe Begegnung zwischen Erde und Hermes gegeben. In diesem Jahrhundert wird Hermes uns nie näher als drei Millionen Kilometer kommen. Am 4. November 2003 wird Hermes sich der Erde bis auf sieben Millionen Kilometer nähern.

Die Klassifikation als potenziell gefährlicher Asteroid bleibt allerdings bestehen. Denn wegen der immer wiederkehrenden nahen Vorbeiflüge an der Erde und auch an der Venus könnte die Schwerkraft dieser beiden Planeten die Bahn von Hermes ändern. Man wird ihn also in den nächsten Jahrtausenden im Auge behalten müssen." **(Bild der Wissenschaft online 22.10.2003)**

Mittlerweile ist bekannt dass es sich bei Hermes, oder Asteroid 1937, um einen Doppelasteroiden handelt, also 2 annähernd gleich große Brocken die sich selbst umkreisen.

„Die Beinahe-Katastrophe wird an einem Freitag dem Dreizehnten geschehen: Am 13. April 2029 um 4.36 Uhr deutscher Zeit, so bisherige Berechnungen, rauscht der Asteroid namens "99942 Apophis" atemberaubend knapp an der Erde vorbei. Das 25 Millionen Tonnen schwere und rund 300 Meter große Geschoss wird die Erde um etwa 30.000 Kilometer verfehlen. Für einen kurzen Moment wird es dem Planeten näher sein als die Fernsehsatelliten im geostationären Orbit.

Träfe der Brocken die Erde, würde er dank seiner Geschwindigkeit von etwa 45.000 Kilometern pro Stunde die Sprengkraft von 65.000 Hiroshima-Bomben entwickeln. Doch "Apophis" wird seinem Namen - dem des ägyptischen Gottes der Finsternis und Zerstörung - nach bisherigen Berechnungen nicht gerecht werden, zumindest nicht im Jahr 2029.

Allerdings besteht eine kleine Chance, dass "Apophis" bei seinem Vorbeiflug durch ein kleines, nur 600 Meter breites "Schlüsselloch" fliegt, wie Wissenschaftler der NASA glauben. In diesem Fall würde die Anziehungskraft der Erde die Bahn des Asteroiden so verändern, dass er auf den Tag genau sieben Jahre später - am 13. April 2036 - mit der Erde kollidiert." **(Spiegel online 14.12 06)**

Wie aus dem Zitat ersichtlich, schwanken die Angaben über Größe, Masse (Gewicht) und Flugbahn leicht, bedingt dadurch dass ständige Neuberechnen. Es sind Berechnungen bekannt die den Asteroiden mal auf 300 Meter dann auf 410 Meter und dann wieder auf 270 Meter schätzen. Was die Annäherung betrifft, so liegen die Schätzungen zwischen 45.000 und 6000 Km. Und was die Sprengkraft betrifft so schwanken die Berechnungen zwischen dem 65.000 fachen und 70.000 fachen zur Hiroshima Bombe. Das nimmt sich nichts. Auf die paar Megatonnen kommt es nicht an!

8. Die Lagrange-Punkte

Um ein Raumfahrzeug in einer Erdumlaufbahn zu halten benötigt man ununterbrochen Treibstoff. Es müssen regelmäßig Triebwerke gezündet werden. Ansonsten würde das Raumfahrzeug, bedingt durch die Gravitation der Erde, den Orbit verlassen und auf die Erde stürzen. Ein Abwehrsystem hier, im Orbit zu parken, wäre also nicht sehr schlau. Die Natur zeigt uns jedoch wo es schlauer wäre…in den Lagrange-Punkten.

An diesen Punkten im Weltraum heben sich die Gravitationskräfte benachbarter Himmelskörper (z.B. Erde-Mond oder Sonne-Erde) und die Zentrifugalkraft der Bewegung gegenseitig auf. Mit anderen Worten, ein Himmelskörper verharrt ewig in solch einem Punkt. Die weiter oben erwähnten Weltraumtrojaner verharren auch in den Lagrange-Punkten.

Hier also, sollten wir unser Abwehrsystem parken!

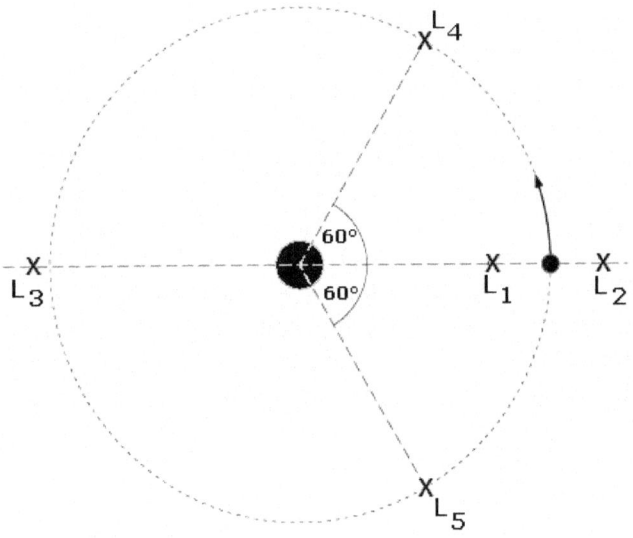

Skizze oben : die 5 Lagrange-Punkte im System Erde-Mond

9. Die Zäsur im Jahre 1994

In 1994 passierte in unserem Sonnensystem etwas, was nach damaliger, allgemein akzeptierter Lehrmeinung, seit hunderten Millionen Jahren nicht mehr geschehen durfte: eine Kollision im Weltraum. Die Bruchstücke des Kometen Shoemaker-Levy 9 (kurz auch SL9) - offizielle Bezeichnung: D/1993 F2 (Shoemaker-Levy), krachten in den Jupiter und verursachten die größten von der Menschheit je beobachteten Explosionen.

Am 24. März 1993 entdeckte das Ehepaar Carolyn und Eugene Shoemaker, zusammen mit ihrem Kollegen David H. Levy die Bruchstücke eines kurzperiodischen Kometen. Der japanische Astronom Shuichi Nakano sagte als erster die Kollision der Kometenfragmente mit dem Jupiter voraus. Was war hier in Unordnung geraten? In unserem Sonnensystem, in welchem seit Milliarden Jahren quasi alles „fertig" war, und alle Himmelskörper friedlich ihre Kreise zogen, passieren solche Kollisionen? Ja, so was passiert. Und damit war unsere „astronomisch" heile Welt beendet. Später hatte man berechnet dass der Komet SL9 vermutlich in den 1960 er Jahren dem Riesenplaneten Jupiter zu nahe kam. Er wurde durch die enorme Gravitation des Jupiter auf eine neue, stark elliptische Bahn gezwungen. Anders ausgedrückt, der Komet wurde zu einem „Pseudomond" des Jupiter.

1992 näherte sich der Komet dem Jupiter erneut und unterschritt die Roche-Grenze. Die Roche-Grenze ist nach Édouard A. Roche benannt, der sie 1850 zum ersten mal beschrieb. Ein Satellit (Mond) welcher die Roche-Grenze unterschreitet, bricht, bedingt durch die Gravitation des Planeten den er umkreist, auseinander. Genau das passierte mit dem Kometen SL9. Der ursprüngliche Komet, mit einem geschätzten Durchmesser von ca. 4 Km, zerbrach in 21 Teile unterschiedlicher Größe, zw. 50-1000 Meter im Durchmesser. Diese Kometenbruchstücke rasten nun mit 60 Km/Sekunde oder 216.000 Km/h auf den Jupiter zu. Zwischen dem 16. und dem 22. Juli 1994 krachten alle 21 Trümmer auf den Jupiter und verursachten Explosionen von der Sprengkraft von ca. 50 Millionen Hiroshima Bomben!!!

Das war also die Zäsur im Jahre 1994. Apokalyptische Einschläge gehörten in unserem Sonnensystem nicht mehr der Vergangenheit an. Nach diversen Anhörungen im US Kongress wurden diverse Programme gestartet, mit dem Ziel, herauszufinden, ob unser Planet ebenfalls von Einschlägen bedroht ist. Es wurden bisher über 700 erdnahe Asteroide entdeckt (mit einem Durchmesser von über 1Km) und mehrere tausend mit einem Durchmesser zwischen 500 - 1000m.

Der Hauptakteur dieses Buches, 99942 Apophis (2004MN4) wurde, wie schon erwähnt, im Juni 2004 entdeckt. Zum Glück ist die Menschheit insgesamt von diesem Felsbrocken von 300 Meter Durchmesser nicht bedroht.

Die zweite gute Nachricht: 71 % unserer Erde ist von Wasser bedeckt. 2004MN4 würde bei einem Einschlag nur einen „relativ kleinen Tsunami" auslösen wenn er in den Ozean stürzt. Damit könnte man leben. Mit „kleinem" Tsunami ist gemeint, in der Nähe des Einschlages 100 Meter Wellenhöhe und an den Benachbarten Küsten noch ca. 30 Meter Wellenhöhe. Bei ausreichender Vorwarnzeit kein Problem für die Menschen. Für die Schiffe und die Infrastruktur in der Region allerdings ein Riesenproblem, die könnte man allesamt abschreiben. Anders formuliert, eine endzeitartige Sintflut wird es nicht geben.

Käme er in der Sahara herunter würde es ebenfalls kaum Opfer geben, möglicherweise etwas viel Staub über dem Mittelmeerraum. Etwas problematischer sähe ein Impakt in der Nähe der Pole aus. Unmittelbar würde kaum jemand ums Leben kommen, das schnelle Schmelzen von riesigen Eismassen würde jedoch einen raschen Anstieg der Spiegel der Weltmeere und demzufolge Überflutungen zur Folge haben.

Es gibt Szenarien bei denen horrend hohe Opferzahlen zu befürchten sind, durch die direkte Einwirkung der Explosion. Dies trifft für alle dicht besiedelten Gegenden dieser Welt zu. Bei einer errechneten Sprengkraft von 1000 Megatonnen TNT ist es auch völlig unerheblich ob es sich um moderne Wolkenkratzer oder um Wellblechhütten eines Slums handelt. Solch eine Detonation hat noch niemand erlebt, sie wäre 70.000-mal stärker als es die Hiroshimabombe war. Die größte vom Menschen erzeugte Explosion war die Detonation der Zar oder TSAR Bombe in 1961. Damals zündeten die Sowjets

über Nowaja Semlja, in ca. 4000 Metern Höhe die Bombe, mit einer Sprengkraft von rund 50 Megatonnen TNT. Der Atompilz stieg bis zu einer Höhe von 65 Km auf und die Schockwelle pflanzte sich quer durch den Erdglobus durch, so dass sie auf der gegenüberliegenden Erdseite zu messen war. Die Schockwelle in der Atmosphäre raste 3mal um den Globus. Damit wahr wohl der Gipfel des menschlichen Irrsinns erreicht. Und nun nochmals zur Erinnerung:
2004MN4 hätte mindestens die 20 fache Sprengkraft der ZAR Bombe! Die NASA geht von einer noch höheren Sprengkraft aus, vermutlich aus der Überlegung heraus, die Masse von 2004MN4 sei größer, ergo 2004MN4 würde ein Gestein/Metall Asteroid sein.

Berechnungen zufolge könnten im schlimmsten aller Fälle 30 - 35 Mio. Menschen ihr Leben verlieren wenn ein Ballungsgebiet getroffen wird.
Es bedarf wohl keiner weitergehenden Erläuterung: wenn 2004MN4 im Großraum New York, Tokio, Schanghai New Delhi, Sao Paolo, Kairo oder Istanbul einschlägt sterben -zig Mio. Menschen.

Es gibt Szenarien mit einer geringeren Anzahl von unmittelbar Toten jedoch mit kurzfristigen Folgen die zu 100-200 Mio. Toten führen könnten.
Bei einem Einschlag in der Nähe des Assuan Staudammes in Ägypten würde ein Dammbruch das gesamte Niltal überfluten. Es würden wesentlich mehr Menschen sterben als bei einem direkten Treffer auf Kairo.
Ein Treffer in San Francisco beispielsweise würde unmittelbar viel weniger Tote hinterlassen als einer in New York. Es kann jedoch niemand Ausschließen, das bei einer derartigen Explosion nicht das längst überfälligen Megaerdbeben in Kalifornien ausgelöst werden würde. Mit weitaus mehr Toten als Folgeerscheinung.

Unser schönes Mittelmeer ist in einer besonders prekären Lage wenn es zu einem Einschlag in diesem Bereich kommt. Zum einen ist es die Nahtstelle zwischen zwei tektonischen Platten die aufeinender zudriften, die Afrikanische und die Eurasische Platte. Genauer gesagt, die Afrikanische Platte schiebt sich unter die Eurasische Platte, weshalb es in der Mittelmeer Region häufig Erdbeben und vulkanische Aktivität gibt. Zum anderen ist das Mittelmeer auf den Wasserzufluss aus dem Atlantik angewiesen. Es verdampft wesentlich mehr Wasser aus dem Mittelmeer als die Flüsse die hineinmünden auffüllen können. Durch die jetzt offene Strasse von Gibraltar wird das ausgeglichen. Um mal eine Zahl zu nennen: 1,5 Millionen Kubikmeter in der Sekunde fließen durch die Straße von Gibraltar! Der Atlantik hält das Mittelmeer sozusagen am Leben. Wäre die Strasse von Gibraltar nicht offen (und sie war es nicht immer) würde der Meeresspiegel des Mittelmeeres jedes Jahr um einen Meter fallen. Sie ahnen vielleicht was jetzt kommt? Trifft 2004MN4 die Strasse von Gibraltar oder die Umgebung, besteht die Gefahr dass das Mittelmeer vom Atlantik wieder getrennt wird. Und wie weiter oben beschrieben, beginnt dann der Meeresspiegel des Mittelmeeres jedes Jahr um einen Meter zu fallen. In wenigen Jahren verwandeln sich die großen Häfen (Marseille, Genua, Piräus, Neapel, Haifa, Alexandria usw.) in Trockendocks! Mallorca würde jedes Jahr größer werden, aber wem nutzt das, wenn der Hafen von Palma de Mallorca am Festland liegt? Durch den Suezkanal ließe sich zwar etwas an Wasser vom Roten Meer in das Mittelmeer einleiten, jedoch würde das bei weitem nicht ausreichen den Meeresspiegel konstant zu halten. Übrigens, das Schwarze Meer würde dem gleichen Schicksal folgen wie das Mittelmeer: durch den Bosporus würde Wasser aus dem Schwarzen Meer ins Mittelmeer fließen und beide Meere würden sich angleichen. Die Schwarzmeer Küsten von Bulgarien, der Türkei, Rumänien, Ukraine, etc würden sich verschieben. Auch hier würden die heutigen Häfen zu nutzlosen Trockendocks verkommen.

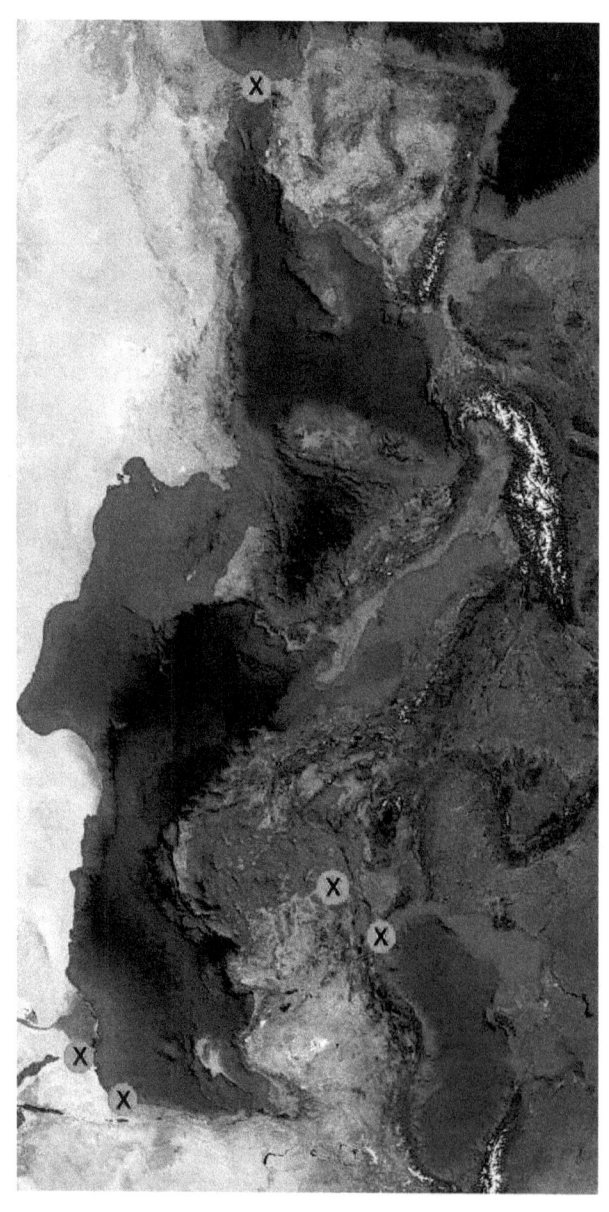

Abb. oben: neuralgische Punkte im Mittelmeerraum

Ich hatte eingangs erwähnt auf Israel und Jordanien zurückzukommen wegen der besonderen geografischen Situation.

Bringen wir erstmal noch Holland in die Diskussion und vergleichen wir zunächst mal Holland mit Israel. Holland hat durch Damm- und Deichbauten der Nordsee viel Fläche abgetrotzt. Eine Flutwelle (durch einen möglichen Einschlag von 2004MN4 ausgelöst) vom Atlantik kommend, könnte leider nahezu 75 % der Fläche von Holland wieder fluten. Was die Niederländer durch Fleiß und Genialität dem Meer an Fläche über Jahrhunderte abgetrotzt haben würden sie schlagartig wieder verlieren. Und nun zu dem Vergleich Holland und Israel.

Israel ist quasi ein natürlicher Deich oder Damm zwischen dem Mittelmeer und dem Toten Meer. Der Jordangraben ist eine Kryptodepression auf dessen Grund sich das Tote Meer befindet. Zurzeit liegt der Wasserspiegel des Toten Meeres ca. 420-440 Meter tiefer als der des Mittelmeeres, Tendenz zunehmend. Diese Kryptodepression (der Jordangraben) ist der nördliche Ausläufer eines riesigen Grabens der in Mozambique beginnt und in Syrien endet. Der Graben heißt „großer Afrikanischer Grabenbruch" (engl. Great Rift Valley). Der Graben ist ohnehin aktiv, was u. a. dazu führen wird dass Ostafrika in einigen hunderttausend Jahren vom afrikanischen Kontinent abgetrennt wird und als riesige Inseln im indischen Ozean dastehen wird. Es besteht das Risiko, dass bei einem Asteroideneinschlag in der Region und durch die folgenden seismischen Aktivitäten, der „ Staudamm Israel" einen Riss bekommt und das Wasser des Mittelmeeres sich seinen Weg zum Toten Meer bahnt. Bis das Becken Totes Meer aufgefüllt wäre, vergingen Monate und unglaubliche Mengen an Festland würden weggespült und / oder geflutet werden. Für Israel, Jordanien und das Westjordanland eine Katastrophe.

Die Detonation von 2004MN4, das wurde jetzt schon mehrfach beschrieben, entspräche einer Sprengkraft von ca. 65.000 Hiroshima Bomben, mit den Unterschied, es würde keine Radioaktivität freigesetzt werden. Leider muss diese Aussage in Bezug auf die Radioaktivität relativiert werden. Die Detonation des Asteroiden selber würde natürlich keine Radioaktivität freisetzen.

Es kommt drauf an wo der Asteroid einschlägt. AKW s (Atomkraftwerke) wurden sicher so gebaut dass sie so mancher Erschütterung standhalten. Mit 1000 Megatonnen TNT hat jedoch beim Bau der AKW s niemand gerechnet. Ein Treffer in der Nähe eines AKW würde Tschernobyl wieder in die Erinnerung rufen. Weltweit befinden sich zurzeit rund 480 AKW s im Betrieb. Schlimmer noch, es gibt Berechnungen dass nukleare Sprengköpfe durch die gewaltige Druckwelle in ihren Lagern detonieren würden. Was nun wenn diese Berechnung/ Aussage stimmt?

Was passiert wenn 2004MN4 zum Beispiel in North Dakota herunterkommt und einige strategische nukleare Waffen in den USA detonieren? Dann ist der nordamerikanische Kontinent durch die Sekundärexplosionen der Atomwaffen unbewohnbar. Eine Migration würde einsetzen und die Amis würden um Green Cards in der ganzen Welt anstehen? Nein, die Antwort kann nur sein: der Einschlag darf einfach nicht stattfinden, wir müssen die Asteroiden ausschalten bevor es zum Einschlag kommt!

Auf dieser Homepage können Sie selbst die Folgen eines Einschlages abhängig von der Größe des Asteroiden ausrechnen lassen:
http://www.lpl.arizona.edu/impacteffects/

10. Bisher letzter großer Einschlag : Tunguska

1908 Hatte die Menschheit nochmals Glück als ein vermutlich der Kategorie 1 (also poröses Gestein) zuzuordnender Asteroid oder aber auch ein kleiner Komet über Sibirien detonierte.

Im Juni 1908 ereignete sich in der Nähe von Tunguska am Lauf des Jenisseijs-Flusses in Mittelsibirien eine gewaltige Explosion. Die Explosion, von einer geschätzten Stärke von 15 Megatonnen TNT fand in etwa 5 bis 10 Kilometer über dem Boden statt und hat daher keinen Krater verursachte. 5.000 qkm Wald wurden zerstört. Vermutlich wurden alle Lebewesen auf einer Fläche von ca. 2000 Km² getötet. Die Explosion wurde in einem Umkreis von ca. 1.000 km gehört werden und die seismischen Erschütterungen wurden rund um den Globus registriert. In noch ca. 700 km Entfernung brachten die erdbebenähnlichen Erschütterungen beinahe Züge der Transsibirische Eisenbahn zum entgleisen. Die Explosionshitze war noch in ca. 70 Kilometer Entfernung so stark, dass sich ein Bauer die Kleider vom Leib riss, weil er glaubte, dass sie brennen würden.

Augenzeugen sahen ein Objekt vom Himmel herunterrauschen, das in bläulich weißem Licht leuchtete. Einer zwanzig Kilometer hohen Lichtsäule folgte eine Detonation und darauf stieg eine schwarze pilzförmige Wolke auf. In den darauf folgenden drei Nächten war, so ist es überliefert, es in ganz Europa so hell, dass man angeblich nachts im Freien lesen konnte. In Kalifornien wurde eine lang anhaltende Verringerung der Sonnenstrahlen registriert.

Zahlreiche Hypothesen wurden im Laufe der Jahre aufgestellt, um das Tunguska Ereignis zu erklären. Die offiziell akzeptierte Version ist, dass ein 100.000 Tonnen schwerer Meteorit oder Komet, der vorwiegend aus Staub und Eis oder aus porösem Gestein bestand, mit einer Geschwindigkeit von 70.000 km/h in die Erdatmosphäre eingetreten ist, sich infolge der Reibungskräfte erhitzt hat und dann in ca.10 Km Höhe explodiert ist, wodurch ein Feuerball und eine Schockwelle entstand, jedoch kein Einschlagkrater. Glück gehabt! Wäre das Objekt oberhalb von Paris, London oder Rom detoniert, würden diese schönen Städte, so wie wir sie heute kennen, nicht mehr existieren.

11. Deutsches Glas nach Böhmen ?

Die böhmischen Glashütten sind weltbekannt für ihre herrlichen Glas- und Kristallprodukte. Sogar europäische Königshäuser werden aus Böhmen beliefert. Auch wir in Deutschland schätzen böhmisches Glas sehr, warum also diese komische Frage bezüglich deutschem Glas? Nun, wenn auch seit Jahrhunderten Böhmen Glas nach Deutschland liefert, das war nicht immer so. Vor 15 Millionen Jahren kam deutsches Glas nach Böhmen, und zwar in gewaltigen Mengen, geschätzte 5-10 Millionen Tonnen und das mit 23- facher Schallgeschwindigkeit! Ja, Sie ahnen es, es gab einen Asteroideneinschlag. Vor rund 15 Millionen Jahren also bekam der heutige süddeutsche Raum Besuch aus dem All. Ein Asteroid schlug ein und hinterließ einen Hauptkrater den man heute noch sehr gut erkennen kann. Das Ereignis ist auch als „Ries" Ereignis bekannt.

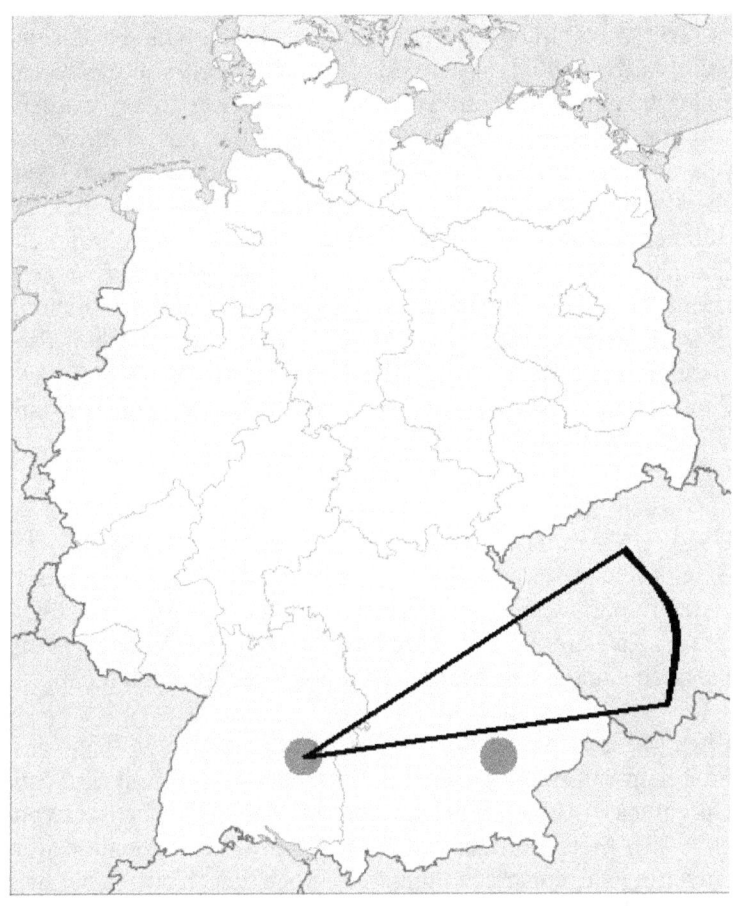

Abb. oben Nördlinger und Chiemgauer Impakt, Moldavit Feld in Böhmen.

Der Asteroid hatte einen Durchmesser von etwa 850 Meter und ist mit einer Geschwindigkeit von etwa 20 km/s (72.000 km/h) eingeschlagen. Durch die Gravitationskraft der Erde brach der Asteroid kurz vor dem Einschlag in mindestens 2 Stücke. Ein Brocken von ca. 700 Metern schlug da ein wo heute die Stadt Nördlingen liegt und erzeugte einen Krater von ca. 23 Km Durchmesser (Nördlinger Ries). Die Explosion beim Auftreffen des Asteroiden hatte die Kraft von mehreren 100.000 Hiroshimabomben. Durch den Einschlag wurden 150 km³ Gestein ausgeworfen. Ein Teil des Erdreiches verwandelte sich durch die enorme Temperatur und den gewaltigen Druck in Glas. Eben dieses Glas nun fiel in Böhmen (heute Tschechien, früher CSSR) vom Himmel. Erstmals wurde dieses wunderschöne dunkelgrüne Glas an den Ufern des Flusses Moldau (Vlatava) entdeckt, und man nannte es nach eben diesem Fluss MOLDAVIT. Moldavit hat also nichts mit der Republik Moldavien zu tun. Größere Moldavit Fundstellen wurden auch bei Wien entdeckt, genauer bei Wiener-Neustadt.

Sie sehen also, wir die Deutschen sind nicht etwa durch BMW, VW, DAIMLER, SIEMENS oder KRUPP zu Exportweltmeistern geworden, nein, das Moldavit war unser erster Exportschlager! Ich erlaube mir hier etwas locker über dieser Katastrophe zu schreiben, weil keine Menschen zu Schaden kamen. Uns Menschen gab s ja damals noch nicht.

Etwa 40 km südwestlich vom Nördlinger Ries liegt das Steinheimer Becken, ein Einschlagskrater mit 3,5 km Durchmesser, verursacht von dem kleineren Bruchstück von etwa 150 Meter im Durchmesser. Auch diese Detonation war gewaltig, sie entsprach immerhin noch der Kraft von etwa 18.000 Hiroshimabomben. Die beiden zusammenhängenden Ereignisse haben eine Gesamtfläche von ca. 70.000 Km² verwüstet.

Vor ca.2500 Jahren krachte es erneut über dem süddeutschen Raum, diesmal war es ein Komet, der im heutigen Chiemgau einschlug.
Die Chiemgau-Impakt Theorie geht vom Einschlag eines Kometen aus, der nach dem Eindringen in die Erdatmosphäre

in der oberen Atmosphäre explodierte und dessen Trümmer angeblich im heutigen Chiemgau niedergingen.

Die mehr als 100 vermutete Einschlagskrater befinden sich in einem elyptischen Streufeld mit einer Länge von 60 Km und einer Breite von bis zu 30 Km. Daraus ließ sich eine Geschwindigkeit von 12 km/s und ein Anflugwinkel von 7° errechnen. In etwa 70 Kilometern Höhe ist der Komet explodiert, und die Bruchstücke schlugen mit der gesamten Zerstörungskraft von 10.000 Hiroshimabomben ein. Eine dort ansässige keltische Population wurde durch den Einschlag komplett ausgelöscht.

12. Die bisherigen Big Bang s

Alle Himmelskörper unseres Sonnensystems entstanden durch Kollisionen von unzähligen Gesteins- und Metallbrocken unterschiedlicher Größe. Kollisionen waren in der Entstehungsphase des Sonnensystems wesentlich häufiger als sie es heute sind und die Voraussetzung dass es überhaupt zur Entstehung des Sonnensystems kommt. Die größeren Brocken zogen durch die Gravitation immer weiter Material an und wurden dadurch größer und verstärkten ihre Gravitation. Diesen Prozess nennt man oligarchisches Wachstum. Schließlich kehrte Ruhe ein, der Raum zwischen den Planeten war mehr oder minder gesäubert. Übrig blieben die Planeten mit ihren Monden und Ringen. Und was noch heute übrig ist an Bauschutt aus der Zeit befindet sich in der Oortschen Wolke, im Asteroidengürtel zwischen den Bahnen von Mars und Jupiter, im Kuyper Gürtel, und leider auch im erdnahen Bereich. Der Asteroidengürtel, auch Planetoidengürtel oder Hauptgürtel umfasst Millionen Himmelskörper, wovon ca.

400.000 erfasst sind. Man könnte es so formulieren: die Asteroiden haben es nicht geschafft sich zu einem Planeten zu verbacken wenngleich einige von ihnen beträchtliche Größen erreicht haben, wie z B Ceres, der es auf einen Durchmesser von 945 Km bringt. An Ceres ist bislang keine Raumsonde nahe genug vorbei geflogen, weshalb es keine richtig verwertbaren Bilder gibt. Dieser Bauschutt stellt für uns keine besondere Gefahr dar, da bewegt sich das meiste in geordneten Bahnen. Nicht alle Asteroiden verharren jedoch im Asteroidengürtel. Ein beträchtlicher Teil vagabundiert im All, kreuzt die Umlaufbahn der Erde und stellt eine Bedrohung für uns dar.

Noch mal zurück zur Entstehungsphase der Erde. Nachdem unser Planet in etwa seine heutige Masse erreicht hatte begann seine Oberfläche (irgendwann war da nichts als Lava) abzukühlen. Nachdem die Erdoberfläche soweit abgekühlt war, dass Wasser nicht mehr verdampfen konnte, muss der erste Big Bang stattgefunden haben.

Im Folgenden werden verschiedene, zum Teil umstrittene zum Teil unstrittige Einschläge auf unserem Planeten erwähnt.

Einige dieser Ereignisse lassen sich aufgrund nachweisbarer Impakt Strukturen (Krater) auf unserer Erdoberfläche zweifelsohne belegen. Aus der Größe der Impaktstruktur kann die Größe des Impaktors berechnet werden. Einige nachstehend aufgeführten Big-Bangs werden noch heftig diskutiert.

Big Bang Nummer 1 (kontrovers diskutiert) soll zu dem Zeitpunkt stattgefunden haben als unsere Erde noch als unfertige Protoerde annähernd ihre heutige Masse erreichte. Diese Theorie, die Kollisionstheorie, wurde 1975 von William Hartmann und Donald Davis entwickelt. Danach kollidierte in der Frühphase der Planetenentwicklung ein etwa marsgroßes Planetesimal (planetartiger Himmelskörper), das nach der Mutter der griechischen Mondgöttin Selene bisweilen *Theia* genannt wird, mit der Proto-Erde (*Gaia*), die damals bereits etwa 90 % ihrer heutigen Masse hatte. Die Kollision erfolgte nicht frontal, sondern tangential, sodass große Materiemengen, bestehend aus Teilen des Mantels des Impaktkörpers und des Erdmantels, weggeschleudert und im Erdorbit eingefangen wurden. Das erklärt auch die unterschiedlichen Dichten von Mond (3,3 g/cm^3) und Erde (5,5 g/cm^3) .Die schweren Elemente finden sich auch heute noch eher im Kern unseres Planeten als im Erdmantel. Lediglich Vulkanausbrüche sorgen und sorgten dafür dass Metalle im Erdmantel zu finden sind .Aus den Trümmern der Kollision bildete sich schnell, (d. h. in wenigen hundert Jahren) der Proto-Mond, der rasch, dank seiner Gravitation, alle restlichen Trümmer einsammelte und sich nach knapp 10.000 Jahren zum Mond mit annähernd heutiger Masse verdichtet haben muss.

Big Bang Nummer 2 (kontrovers diskutiert) wurde von einem riesigen Kometen verursacht, welcher genug Eis mitbrachte um unseren Urozean entstehen zu lassen. Wasser stellt zwar nur ca. 1 % des Gesamtvolumens unseres Planeten dar, der Komet muss dennoch gewaltig gewesen sein und das Ereignis apokalyptisch. Einen Beleg, eine Impaktstruktur gibt es für diese Theorie nicht. Sie steht im Widerspruch zu der Theorie dass Wasser immer schon, bzw. sehr viel früher auf unserem Planeten vorhanden war, zwar nur als Wasserdampf bedingt durch die hohen Temperaturen und von der Gravitation daran gehindert ins All zu verdampfen. Ich persönlich halte die „Wasserdampf" Theorie deshalb für problematisch, weil zu diesem frühen Zeitpunkt die Erde noch kein Elektromagnetisches Feld hatte und demnach der Sonnenwind ungehindert die Wassermoleküle weggefegt hätte, so wie voraussichtlich am Mars über Jahrmillionen geschehen.

Big Bang Nummer 3 fand vor ca. 3 Milliarden Jahren statt. Er hinterließ eine noch heute verifizierbare Spur, im heutigen Südafrika. Der Vredefort-Krater nahe dem Witwatersrand-Gebirge bei Vredefort in Südafrika. Mit einem Durchmesser von 320 x 180 Km ist der Vredefort-Krater der größte bislang verifizierte Einschlagkrater der Erde. Legt man die allgemein akzeptierte Berechnung zugrunde dass der Asteroid Durchmesser ca. 5 % des Kraterdurchmessers ausmacht, so muss der Brocken der hier herunter krachte 12-16 Km im Durchmesser betragen haben. Ein Riesenknall der aber niemanden wirklich beeindruckt hat. Vor 3 Milliarden Jahren, das war vor dem Kryptozoikum, da gab es noch kein Leben auf unserem Planeten. Die ersten Einzeller sind nach heutiger Auffassung erst 500 Millionen Jahre später entstanden.

Big Bang Nummer 4, das Sudbury-Becken in Ontario (Kanada), das etwa 200 bis 250 km im Durchmesser hat und geschätzte 1,85 Milliarden Jahre alt ist. Auch dies ein recht stattlicher Treffer. Der Asteroid dürfte so ca. einen 10-12 Km Durchmesser gehabt haben. Zu diesem Zeitpunkt besiedelten Kalkalgen, Oktokorallen, Ringelwürmer, u. a. Wirbellose unseren Planeten. Ob dieser Einschlag für das Leben auf der Erde relevant war lässt sich nicht nachweisen. Es ist kein besonderes Artensterben aus der Zeit bekannt. Das Ausmaß dieses Einschlages wäre zu einem späteren Zeitpunkt verheerend gewesen, möglicherweise steckten jedoch die oben erwähnten, primitiven Lebensformen, diesen Einschlag locker weg.

Big Bang Nummer 5? 2006 wurde der Wilkeslandkrater unter der Antarktischen Eisdecke entdeckt. Der Krater hat einen Durchmesser von ca. 480 km und ist vermutlich vor ca. 225-250 Millionen Jahren entstanden. Dies wäre der größte Einschlag überhaupt, der Impaktor hätte einen Durchmesser von 25 Km gehabt!

Dazu ein passender Beitrag nachfolgend wiedergegeben.

„Artensterben durch Einschlag vor 250 Millionen Jahren . Wissenschaftler fanden jetzt neue Hinweise, dass ein gewaltiger Asteroideneinschlag vor 250 Millionen Jahren ein umfangreiches Artensterben auf der Erde auslöste. Die Forscher spürten in der Antarktis Trümmerteile des damals niedergegangenen Himmelskörpers auf. Damit sind die beiden größten Episoden von Artensterben durch Asteroideneinschläge ausgelöst worden. Hat ein Asteroideneinschlag vor 250 Millionen Jahren das Perm-Zeitalter beendet und zu einem massenhaften Artensterben geführt? Ein amerikanisches Forscherteam hat nun neue Beweise für diese These vorgelegt. In Felsbrocken aus der Antarktis stießen die Wissenschaftler auf Einschlüsse, die sie als Trümmerstücke des damals niedergegangenen Himmelskörpers deuten. Das Team veröffentlicht seine Ergebnisse in der aktuellen Ausgabe des Fachblatts „Science". "Es scheint, dass die beiden größten Episoden von Artensterben auf der Erde beide durch die Kollision mit anderen Himmelskörpern ausgelöst wurden", schließen die Forscher um Asish Basu von der University of Rochester im US-Bundesstaat New York. Auch das Aussterben der Dinosaurier vor 65 Millionen Jahren ist nach heutigen Erkenntnissen auf den Einschlag eines großen Asteroiden zurückzuführen.

Das Team um Basu hatte Steine aus der Grenzschicht zwischen Perm und Trias untersucht und war auf kleine Körnchen gestoßen, die dem Material der so genannten "chondritischen Meteoriten" ähneln. Demnach muss es also vor 250 Millionen Jahren auch einen großen Einschlag gegeben haben. Außerdem stießen die Forscher auf metallische Körnchen, die ähnlichen Einschlüssen aus in asiatischen Fundstellen gesammelten Steinen der Perm-Trias-Übergangszeit ähneln. Die genaue Herkunft dieser Partikel ist zwar noch unklar, aber sie ähneln nach Angaben der Wissenschaftler keinerlei irdischem Material und tauchen ausschließlich am Ende des Perl-Zeitalters auf." **(Rainer Kayser, 21. November 2003 astronews.com online)**

Noch ist aber nicht verifiziert, dass es sich um einen Einschlagkrater handelt. Sollte der Krater als Einschlagkrater identifiziert werden, wäre ein Zusammenhang zwischen einem gewaltigen Einschlag und dem größten Artensterben seit es Leben auf unserem Planeten gibt hergestellt. Damals, vor 250 Mio. Jahren sind nachweislich über 90 % der lebenden Arten verschwunden. Das Dinosauriersterben vor 65 Mio. Jahren war im Vergleich dazu ein kleines und harmloses Intermezzo.

Big Bang Nummer 6. Der Manicouagan-Krater in Quebec (Kanada) entstand durch den Einschlag eines Himmelskörpers vor etwa 200 Millionen Jahren. Von dem ursprünglich rund 100 km Umfang sind, durch Sedimentablagerungen und Erosion bedingt, nur noch 72 km vorhanden.

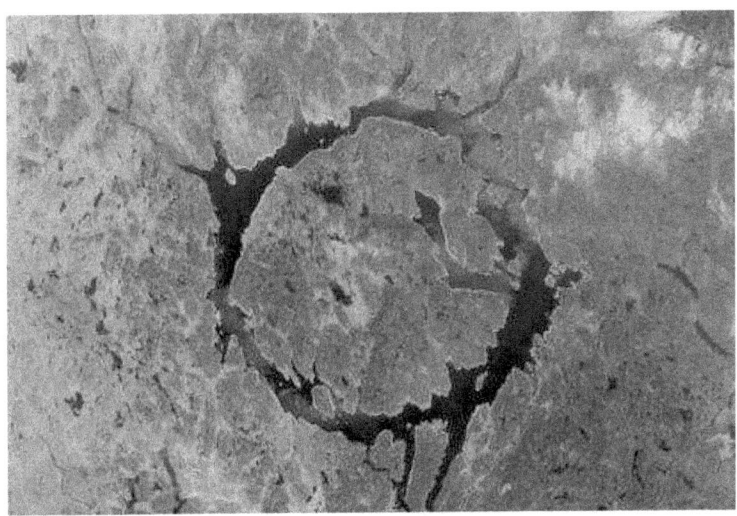

oben: Manicouagan-Krater

Big Bang Nummer 7 .Pech für die Dinosaurier. Der so genannte KT-Einschnitt an der Grenze von der Kreidezeit zum Tertiär lässt sich durch Fossilfunde leicht nachweisen. 70 % der Arten wurden damals ausgelöscht.
Diesen Einschlag kennt wohl jeder. Was wir Menschen seit einigen hunderttausend Jahren genießen, nämlich das Glück von einem Einschlag dieser Größe verschont zu bleiben, das war den Dino s nicht gegönnt. Ein Kracher und sie waren weg! Dabei war der Einschlag vor 65 Mio. Jahren gar nicht so gewaltig. Der Chicxulub-Krater in Yucatán - Mexiko hat etwa 200 km Durchmesser. Demnach kann der Impaktor ca. 10 Km im Durchmesser Groß gewesen sein. Das Problem der Dino s war, sie brauchten Unmengen von Pflanzen zum Überleben. Sie konnten die Pflanzennahrung schlecht verwerten (ähnlich wie heute die Elefanten). Ein relativ geringer Einschlag der die Photosynthese kurzfristig verlangsamte reichte aus um sie auszulöschen, zuerst die Pflanzenfresser danach die Fleischfresser. Dadurch wurde der Weg frei für die Säugetiere, unsere Vorfahren hatten ihre Chance bekommen.

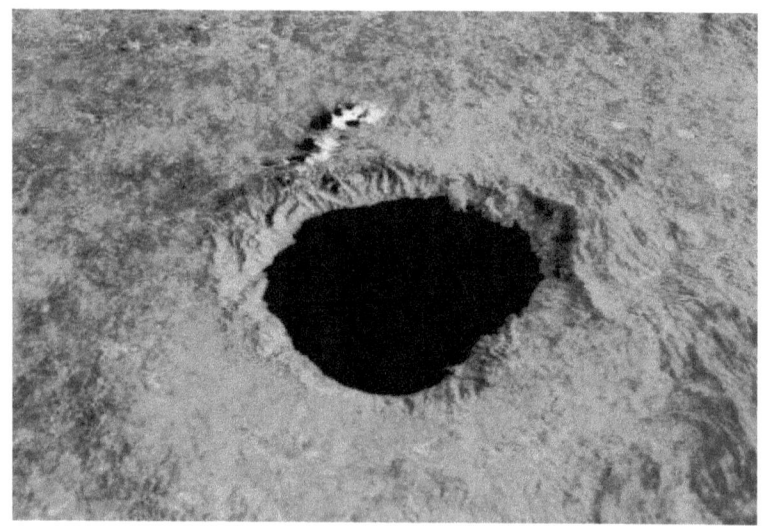

oben: Bosumtwi-Krater in Ghana, heute ein See. Alter ca. 1,07 Millionen Jahre

Der See hat einen Durchmesser von acht Kilometer und eine Tiefe von ca. 80 Meter. Er ist abflusslos. Der Krater hingegen misst 10,5 Kilometer im Durchmesser. Die Besonderheit hier: nur drei von insgesamt 170 bekannten Einschlagskratern auf der Erde, weisen eine geologische Besonderheit auf - die obersten Gesteinsschichten wurden während des Einschlags in Glas (so genannte Tektite) verwandelt. Siehe auch das Kapitel „deutsches Glas nach Böhmen?

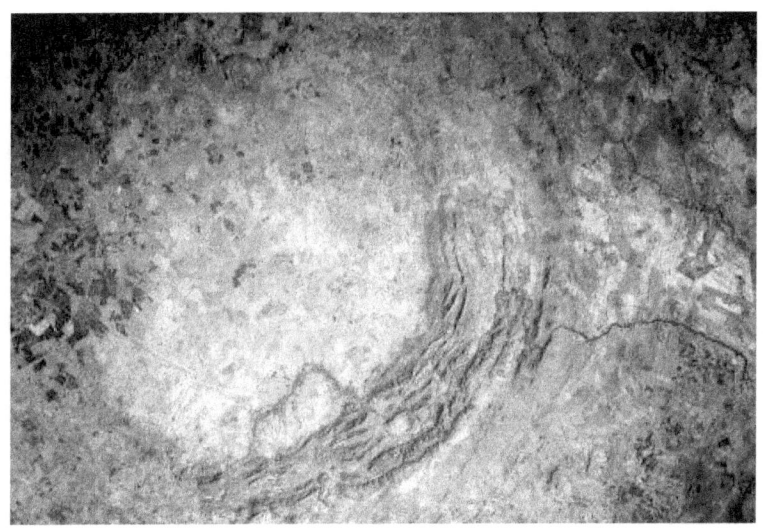

oben: Vredefort-Krater in Südafrika:

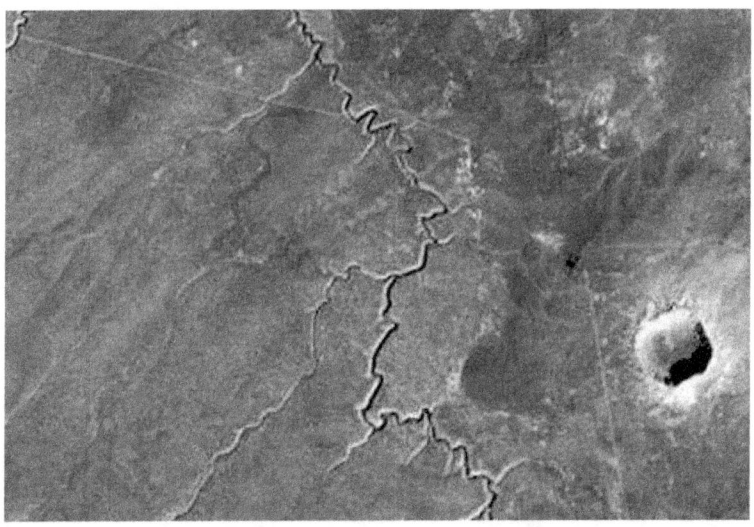

oben: Barringer Krater Arizona

oben: Barringer Krater Arizona

13. Einschlagkrater überall im Sonnensystem

Das Phänomen des Einschlages eines kleineren Himmelskörpers auf die Oberfläche eines größeren Himmelskörpers ist nichts besonderes, es ist sogar astronomischer Alltag. Täglich prasseln mehrere Zentner kleinste Gesteinsbrocken auf unsere Erde und verglühen in der oberen Atmosphäre, völlig unbemerkt von uns allen. (Einige Experten schätzen dass täglich ca. 40 Tonnen Material in der Erdatmosphäre verglühen). Wenn dies gehäuft auftritt sprechen wir von Sternschnuppen. Gelegentlich erreichen kleine Brocken die Erdoberfläche und richten geringen Sachschaden an. Ab einem Durchmesser von ca. 5 Meter detonieren die Gesteinsbrocken in einigen Kilometern Höhe und/oder schlagen auf der Erdoberfläche auf.

Metallmeteoriten erreichen auch als kleine Partikel unsere Erdoberfläche, die äußere Schicht schmilzt, sie sind häufig in den Trockenwüsten oder im polaren Eis zu finden.

Unser Erdtrabant ist der beste Beleg dafür, wie häufig Einschläge vorkommen. Praktisch von Kratern übersät, wobei oftmals ein Krater einen anderen Krater überlagert. Auf der Oberfläche des Mars befindet sich der größte sichtbare Krater unseres Sonnensystems mit ca. 8100 Km Durchmesser. Die Einschränkung „sichtbar" deshalb, weil Jupiter, als größter Planet, mithin mit größter Gravitation in unserem Sonnensystem, ausgenommen die Sonne selbst, wohl die meisten Treffer eingesteckt hat. Jupiter, ein Gasplanet, hat keine feste Oberfläche, er ist ein Gasplanet und agiert quasi als riesiger Staubsauger dank seiner enormen Gravitation.

Überall im Sonnensystem, da wo es kein Wetter gibt, das gleiche Bild:

Einschlagkrater auf Mars, Merkur, Mond, Jupiter und Saturn Monden, auf diversen Monden anderer Planeten, ja sogar auf großen Asteroiden selber sind Krater zu sehen. Einen wahrlich apokalyptischen Krater, vielmehr eine Narbe in der Gaswolke hat SL 9 (Shoemaker-Levy 9) in der Jupiteratmosphäre 1993 hinterlassen als dieser Komet (4 Km Durchmesser) in den Jupiter krachte. Die gewaltige Gravitation des Jupiters hatte vor dem Aufprall den Kern in 21 Bruchstücke zerbröselt.

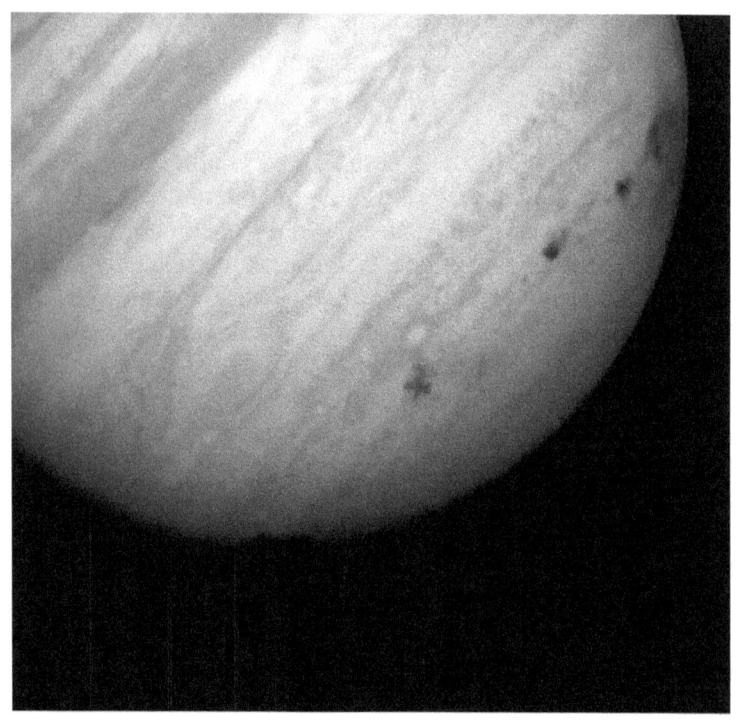

oben: Narben des Aufpralls der SL 9 Bruchstücke in 1994
Quelle : NASA/JPL

Das Buch ist praktisch fertig, da erreicht mich diese Nachricht: Einschlag auf dem Jupiter, die Einschlaggröße entspricht in etwa der Größe unserer Erde (ein Jugendfreund rief mich an und teilte es mir mit, ich schaltete den Fernseher ein, auf den Videotext-Seiten der meisten Sender war die Nachricht zu lesen), ich wiedergebe die Nachricht einfach unkommentiert:

Astronomen vermuten gigantischen Einschlag auf Jupiter

„Woher stammt der riesige dunkle Fleck am Südpol des Planeten Jupiter? Ein australischer Hobby-Astronom hat wahrscheinlich die Überreste eines gigantischen

Kometeneinschlags auf dem Gasriesen entdeckt. Experten sehen Parallelen zu dem spektakulären Kometenaufprall vor 15 Jahren.

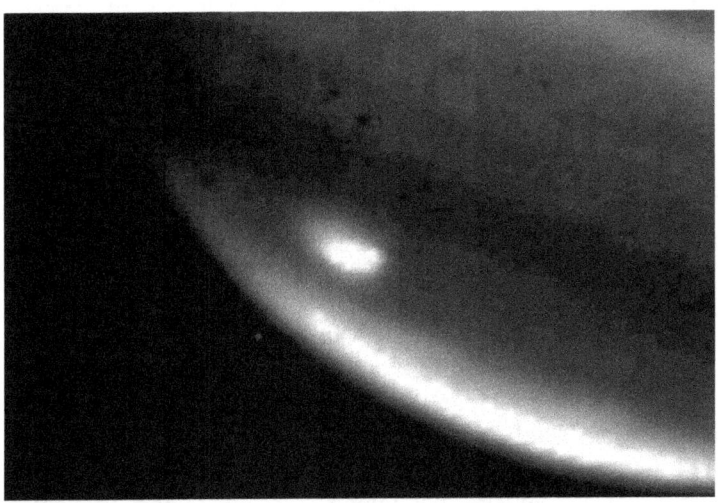

oben: Einschlag nahe des Südpols des Jupiter am 20/21. Juli 2009

Amateur- Astronom Anthony Wesley staunte nicht schlecht, als er im australischen Canberra sein Teleskop in der Nacht zum 20. Juli auf den Jupiter richtete: Das Antlitz des Planeten war nicht mehr makellos: "In Jupiters Südpolregion kam ein dunkler Fleck ins Sichtfeld", notierte der Australier in seinem Beobachtungs-Blog. Anfangs nur unscharf am Planetenrand sichtbar, hielt der Hobby-Astronom die Stelle für eine Wettererscheinung. Tatsächlich wird so etwas hin und wieder in der Gashülle der Riesenplaneten beobachtet. Solche Stürme tauchen als dunkle Flecken auf und verschwinden nach ein paar Wochen wieder. Doch der neue Fleck war anders: "Er zeigte sich in allen Farbkanälen dunkel, war also wirklich schwarz", so Wesley.

Mit der raschen Rotation des Planeten kam die Stelle immer besser in Sicht. Wesley erkannte, das auch die großen Jupitermonde zur Erklärung ausfielen, ebenso wie ihre dunklen Schatten, denn dafür befand sich der mysteriöse Makel einfach an der falschen Stelle. Wesley: "Ich wurde ziemlich aufgeregt." Weitere Amateur-Beobachter bestätigten seinen Fund.

War auf Jupiter etwa ein Komet oder ein Asteroid eingeschlagen?

Es war wahrscheinlich ein Kometen-Einschlag

Einiges spricht dafür: Mit einem Infrarot-Teleskop auf Hawaii haben Forscher des kalifornischen Jet Propulsion Laboratory (JPL) inzwischen Belege für einen Einschlag gefunden: Außer der dunklen "Narbe" konnten sie helle aufströmende Partikel und eine Erwärmung der oberen Jupiter-Atmosphäre ausmachen - beides Phänomene, die auf einen Einschlag hindeuten.

Kometen-Experte Hermann Boehnhardt vom Max-Planck-Institut für Sonnensystemforschung erklärt aufgrund dieser Beobachtungen im Gespräch mit SPIEGEL ONLINE: "Das sieht sehr ähnlich aus wie die Bilder, die wir beim Shoemaker-Levy 9-Einschlag gesehen haben."

Im Sommer 1994 krachten die Überreste des Kometen Shoemaker-Levy 9 auf den Jupiter - es war ein Spektakel, das die ganze Welt verfolgte. "Die Tatsache, dass der Fleck dunkel im sichtbaren und hell im infraroten Licht ist, spricht sehr dafür, dass es sich um einen Einschlag handelt", sagt Boenhardt.

Das reflektierte Infrarotlicht könne von kleinen Staubpartikeln stammen. Durch die Explosion des Einschlags könnten sie aus der tieferen Gashülle des Jupiters entlang des Einflugkanals nach oben katapultiert worden sein - wo sie sich als Staubwolke ausbreiten. "Atmosphärische Phänomene können so etwas kaum hervorrufen", sagt Boenhardt.

Um mit Sicherheit sagen zu können, ob es ein Einschlag war, brauche es aber noch weitere Beobachtungen.

"Armageddon" auf dem Jupiter

Anders als heute waren die Himmelsforscher bei dem Aufprall vor 15 Jahren von Anfang an dabei gewesen: Damals hatten sie eine Kette kometenähnlicher Objekte ausgemacht, die auf einer elliptischen Bahn den Jupiter umrundeten. Offenbar war ein zuvor intakter Komet dem Jupiter so nahe gekommen, dass er von dessen Gravitationskräften zerrissen worden war. Nach ihrer Entdeckung umkreisten die Fragmente - zum Teil mehrere hundert Meter große Brocken - noch 16 Monate lang den Jupiter. Dann schlugen sie innerhalb einer knappen Woche auf dessen Rückseite ein."

(Thorsten Dambeck Spiegel online 21.07.2009)

Nachfolgend einige Bilder von Planeten und Monden, welche die schier unglaubliche Anzahl von Einschlagkratern verdeutlichen sollen.

oben : Merkur Quelle: NASA/JPL

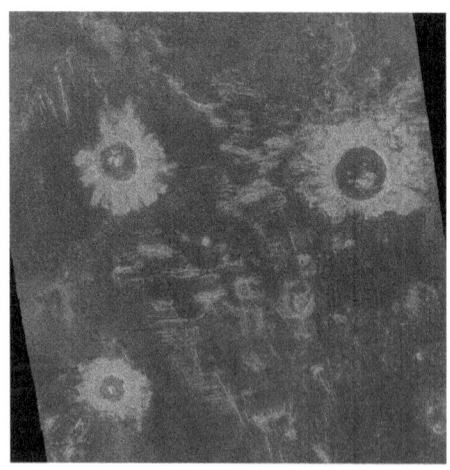

oben: Venus Quelle: NASA/JPL

oben: Venus Quelle: NASA/JPL

Unser Nachbarplanet Venus ist der Planet, der auf seiner Umlaufbahn der Erdbahn mit einem minimalen Abstand von 38 Mio. km am nächsten kommt. Erde und Venus haben fast identische Durchmesser. Die Atmosphäre der Venus zeigt, was der Treibhauseffekt bewirken kann: eine mittlere Temperatur von 737 K (+464 °C) an der Oberfläche des Planeten!

oben: Mars. Quelle: NASA/JPL

Unser anderer Nachbarplanet, der Mars, ist mit einem Durchmesser von ca. 6.800 km nur etwa halb so groß wie die Erde und nach Merkur der zweitkleinste Planet unseres Sonnensystems. Seit die Marskanäle (feine Linienstrukturen), erstmals 1877 vom italienischen Astronomen Schiaparelli beschrieben wurden, rankten sich Legenden rund um intelligentes Leben auf dem Mars. Heute steht fest: es gibt kein Leben auf dem Mars.

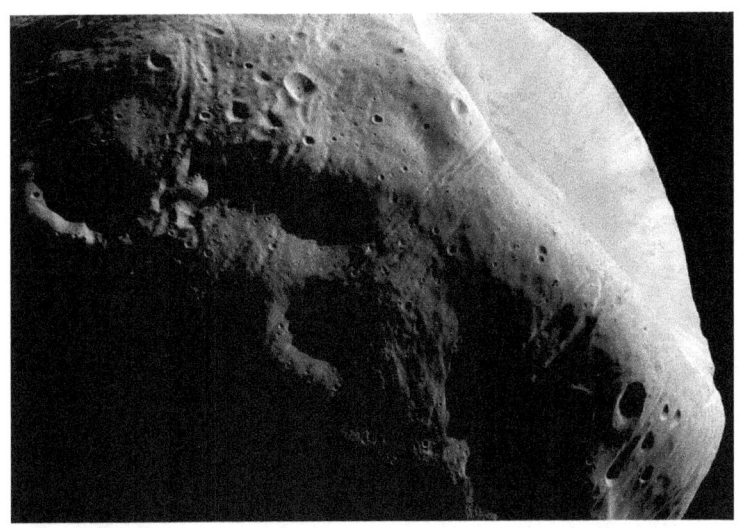

oben: Mars Mond Phobos. Quelle: NASA/JPL

oben: Mimas, der innerste Saturn Mond. Quelle: NASA/JPL

oben: Unser Erdmond. Quelle: NASA/JPL

Unser Erdmond ist mit einem Durchmesser von 3.476 km der fünftgrößte Mond des Sonnensystems. Der mittlere Abstand zur Erde beträgt 384.400 km. Der Mond umkreist unsere Erde in rund 28 Tagen. Die mittlere Entfernung zwischen dem Mond und der Erde wächst jährlich um etwa 3,8 cm, was für uns, sehr langfristig gedacht, zum Problem wird. Bekanntlich sind die für uns so wichtigen Gezeiten (Ebbe und Flut) die direkte Einwirkung des Mondes auf unsere Meere. Mit dem Zunehmen der Entfernung verändern sich die Gezeiten.

oben: der Saturn Mond Iapetus. Quelle: NASA/JPL

Der Saturn Mond Iapetus wurde schon am 25. Oktober 1671 von Giovanni Cassini entdeckt. Die ersten Photos wurden von der Raumsonde Voyager 2 in 1981 aufgenommen, allerdings aus einem Abstand von rund 1 Million Km. Die nach dem Entdecker, Cassini, benannte Raumsonde, konnte in 2007 das Photo oben, aus nur 75.000Km Entfernung aufnehmen. Iapetus hat einen Durchmesser von 1.436 Km.

oben: Neptun Mond Proteus. Quelle: NASA/JPL

Der Neptun Mond Proteus wurde erst in 1989 von der US Raumsonde Voyager 2 im Vorbeiflug entdeckt. Seine Oberfläche ist so dunkel dass er nur 6% des einfallenden Sonnenlichtes reflektiert. Er ist eines der dunkelsten Objekte im Sonnensystem. Sein Durchmesser beträgt etwa 420 Km. Man erkennt in der Nähe des Nordpols einen riesigen Einschlagkrater.

Der Asteroid Ida mit seinem Mond Dactyl. Quelle: NASA/JPL

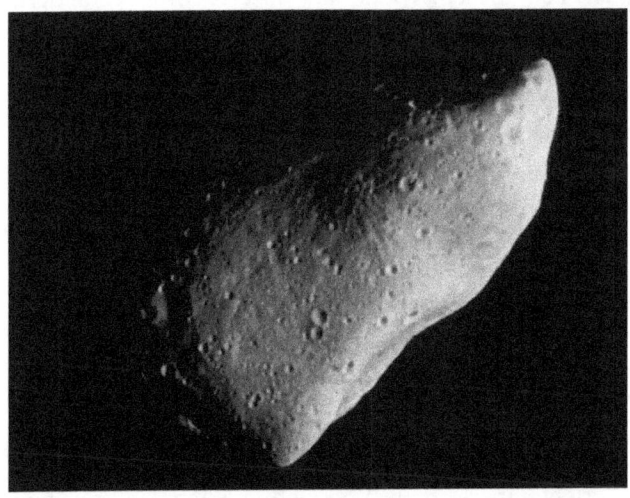

Der Asteroid Gaspra. Quelle: NASA/JPL

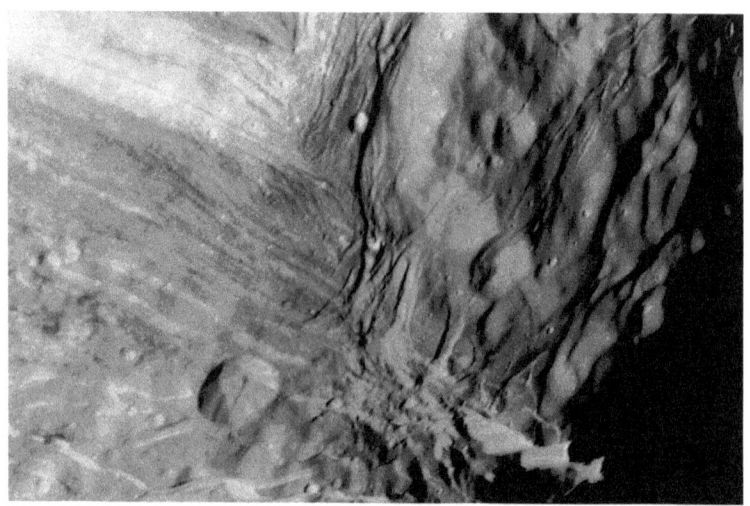

oben: Uranus Mond Miranda. Quelle NASA/JPL

Unsere Erde sähe, gäbe es keine Verwitterung und kein Klima genauso aus wie der Mond. Wasser Wind und Vegetation haben einen Teil dieser Krater auf unserer Erde verändert, abgetragen oder einfach überwuchert. Enorme tektonische Bewegungen haben neue Gebirge aufgeworfen und vermutlich weitere Spuren verschwinden lassen. Eine Simulation zeigt die heute noch eindeutig bestimmbaren Einschlagkrater auf der Erdoberfläche.

14. Kann der Einzelne Vorkehrungen treffen?

Leider Kaum. Die schier unglaubliche Detonation würde alles je von uns erlebte übersteigen. Wer sich in einem Umkreis von 100 Km befindet überlebt nicht! Sicher, es bleibt jedem unbenommen, seinen Keller auszubauen und darin Wasser und Grundnahrungsmittel zu bunkern. Wenn man von Engpässen in der Versorgung ausgeht, und das sollte man, hilft das bunkern natürlich. Ein Abstand von ca. 250 Km vom Einschlag Ort bietet eine sichere Überlebenschance, wurde errechnet. Die älteren unter uns erinnern sich an die „ cover and duck" Kampagne in den USA als quasi Aufklärungsspots in Fernsehen und Kino die Menschen aufforderten, im Falle einer nuklearen Detonation sich mit einer Decke zuzudecken und sich unter einen Tisch zu kauern. Lächerlich, aus heutiger Sicht. Aber eine gute Beruhigungspille. Gegen den möglichen Asteroideneinschlag in 2029 werden zwar noch keine Beruhigungspillen verteilt, aber es ist zu befürchten, dass erneut Pillen statt Lösungen geboten werden. Deshalb ist meine Forderung an die möglichen Akteure immer wieder die gleiche: es darf zu keinem Einschlag kommen! Wir (die Menschheit) müssen uns so verhalten als würde in 2029 ein Einschlag stattfinden und uns schon jetzt darauf vorbereiten. Ein Abwehrsystem muss her, welches lange vor 2029 ausgereift und zuverlässig da oben im All auf seinen Einsatz wartet! 2004MN4 würde uns unsere Grenzen aufzeigen. Nichts von dem was wir bisher gebaut haben würde bei einem direkten Treffer weiter bestehen. Die 3 Pyramiden am Gizeh Plateau, so beeindruckend sie uns erscheinen, würden bei einem Treffer pulverisiert, in 250 Km Höhe als Staub aufsteigen und anschließend über den gesamten Globus als feiner Staub herunterrieseln. Ein Einschlag ist demnach ganz einfach nicht hinnehmbar! Denken Sie mal daran wir würden uns nicht vorbereiten und irgendwann stünde fest der Asteroid schlägt an der Stelle X oder Y ein. Migrationen ungeahnten Ausmaßes würden einsetzen. Die öffentliche Ordnung würde sich in Teilen der Welt auflösen.

15. 2013 Ein wichtiges Jahr

Wie schon weiter oben erwähnt ist 99942 Apophis/2004MN4 im Moment weit weg. Wir können ihn deshalb nicht beobachten. 75 Millionen Tonnen rasen mit 40.000 bis 50.000 Km/h möglicherweise auf uns zu, aber wir wissen es nicht! Heißt im Klartext, sollte sich etwas an seiner Umlaufbahn ändern…. wir haben keine Ahnung davon! Im Spätjahr 2012 nähert er sich uns wieder und zur Jahresmitte 2013 können wir ihn für kurze Zeit anpeilen und seine Flugbahn erneut berechnen. Danach ist er bis 2020 wieder weg und für uns nicht zu beobachten. Das ist sehr, sehr beunruhigend, zumal danach nur noch 9 Jahre bis zum möglichen Einschlag verbleiben. Die letzte zuverlässige Peilung von 2004MN4 stammt vom Radioteleskop Arecibo in Puerto Rico. Manchen vielleicht bekannt aus dem SETI Programm (search for extra terestrial intelligence). Am Montag dem 11. April 2005 wurde eine Korrektur der Bahnberechnung vorgenommen. Demnach war 2004MN4 im Dezember 2004 satte 747 Km näher zur Erde als vorher gedacht. Und die Annäherung zur Erde am 13. April 2029 würde 36000 +/ - 9900 km betragen, allerdings vom Erdmittelpunkt gerechnet.

16. Fortsetzung folgt

Nachfolgend die Liste der Vorbeiflüge von NEO ′s (Near earth Objects) also erdnaher Objekte für einen Teil des Jahres 2010. Die Auflistung soll lediglich die unglaubliche Anzahl von Himmelskörpern veranschaulichen, die uns um die Ohren schwirren. Diese Objekte sind weniger gefährlich weil schon erfasst und die Bahnen sind bereits berechnet.

Dennoch kann sich ihre bereits berechnete Bahn durch den Einfluss der Schwerkraft (Gravitation) anderer Himmelskörper ändern.

Die weitaus größere Gefahr geht von NEO s aus, welche neu entdeckt werden. Wir wissen ja mittlerweile dass zwischen dem Entdecken und dem Vorbeiflug/ Einschlag nur Wochen oder Monate vergehen!

Objekt Name	Annäherungs-Datum	Vorbeiflug (AU)	Vorbeiflug (LD)	Geschätzter Durchmesser	Relative Geschwindigkeit (km/s)
(2003 CR1)	2010-Jan-07	0.1765	68.7	300 m - 660 m	9.85
(2009 XO)	2010-Jan-08	0.0803	31.3	230 m - 510 m	14.64
(2005 YO3)	2010-Jan-08	0.0949	37.0	25 m - 57 m	9.15
(2007 UR3)	2010-Jan-11	0.1382	53.8	160 m - 350 m	1.76
24761 Ahau	2010-Jan-11	0.1820	70.8	880 m - 2.0 km	11.89
169P/NEAT	2010-Jan-12	0.1943	75.6	n/a	18.92
138893 (2000 YH66)	2010-Jan-12	0.1786	69.5	710 m - 1.6 km	28.14
(2009 BK2)	2010-Jan-15	0.1846	71.8	23 m - 52 m	5.37
(2009 DA43)	2010-Jan-17	0.0916	35.6	33 m - 73 m	4.72
(2008 XM)	2010-Jan-18	0.0791	30.8	290 m - 640 m	34.03
(2002 PP6)	2010-Jan-21	0.1829	71.2	470 m - 1.0 km	21.46
(2003 BH)	2010-Jan-22	0.0910	35.4	220 m - 480 m	11.91
(2001 BE10)	2010-Jan-25	0.1510	58.8	400 m - 890 m	10.86
152742 (1998 XE12)	2010-Jan-28	0.1127	43.8	440 m - 990 m	23.50
(2005 OU2)	2010-Jan-29	0.1233	48.0	400 m - 900 m	28.29
(2002 AJ129)	2010-Jan-30	0.1821	70.9	530 m - 1.2 km	29.76
(2008 CN1)	2010-Jan-30	0.0950	37.0	200 m - 460 m	10.50
(2008 KT)	2010-Feb-04	0.1105	43.0	6.0 m - 14 m	2.77
(2008 CL20)	2010-Feb-04	0.0594	23.1	23 m - 52 m	9.46
(2009 VT)	2010-Feb-05	0.1632	63.5	95 m - 210 m	8.43
(2009 UN3)	2010-Feb-09	0.0367	14.3	770 m - 1.7 km	22.66

(2008 CQ116)	2010-Feb-10	0.0496	19.3	50 m - 110 m	12.73
(2010 AE)	2010-Feb-11	0.1664	64.8	360 m - 800 m	11.84
228502 (2001 TE2)	2010-Feb-13	0.0673	26.2	270 m - 600 m	7.07
(2008 CD22)	2010-Feb-15	0.1424	55.4	100 m - 230 m	7.82
(2007 DA)	2010-Feb-18	0.1929	75.1	88 m - 200 m	23.87
(2006 EE1)	2010-Feb-18	0.1275	49.6	290 m - 660 m	19.11
162882 (2001 FD58)	2010-Feb-19	0.1502	58.5	570 m - 1.3 km	22.76
(2009 UD2)	2010-Feb-19	0.0384	14.9	94 m - 210 m	6.45
(2002 XY38)	2010-Feb-20	0.0416	16.2	70 m - 160 m	5.38
(2009 WM105)	2010-Feb-21	0.1865	72.6	66 m - 150 m	3.89
141495 (2002 EZ11)	2010-Feb-24	0.1992	77.5	630 m - 1.4 km	33.42
(2009 FY4)	2010-Feb-26	0.0739	28.8	180 m - 390 m	13.04
(2006 DS14)	2010-Feb-27	0.1561	60.8	240 m - 540 m	14.15
(2008 JV19)	2010-Feb-28	0.1636	63.7	200 m - 440 m	6.52
(2007 EF)	2010-Mar-01	0.0588	22.9	180 m - 400 m	13.89
(2001 PT9)	2010-Mar-02	0.0322	12.6	250 m - 570 m	13.34
(2000 CO101)	2010-Mar-02	0.1277	49.7	430 m - 960 m	8.59
(2009 UE2)	2010-Mar-04	0.1190	46.3	240 m - 530 m	10.00
(2008 EY5)	2010-Mar-05	0.0884	34.4	260 m - 580 m	12.21
(2009 CB3)	2010-Mar-07	0.1561	60.8	330 m - 750 m	30.00
209215 (2003 WP25)	2010-Mar-07	0.1122	43.7	38 m - 86 m	7.38
(2009 VO24)	2010-Mar-07	0.1468	57.1	310 m - 690 m	9.79
(2008 EE)	2010-Mar-11	0.1584	61.6	310 m - 700 m	9.41
4486 Mithra	2010-Mar-12	0.1890	73.5	2.0 km - 4.5 km	22.64
(2005 UO)	2010-Mar-12	0.1422	55.4	100 m - 230 m	22.97
(2009 FL)	2010-Mar-13	0.1565	60.9	34 m - 75 m	23.09
88254 (2001 FM129)	2010-Mar-13	0.1056	41.1	890 m - 2.0 km	23.05
162361 (2000 AF6)	2010-Mar-16	0.1819	70.8	260 m - 570 m	17.72
(2005 XA)	2010-Mar-17	0.1996	77.7	15 m - 33 m	18.10
(2008 EZ84)	2010-Mar-17	0.1900	73.9	16 m - 35 m	11.96
(2000 EW70)	2010-Mar-23	0.0593	23.1	150 m - 340 m	11.96
(2008 EG32)	2010-Mar-24	0.1614	62.8	10 m - 23 m	13.62
(2006 SS134)	2010-Mar-25	0.1429	55.6	140 m - 310 m	14.99
220124 (2002 TE66)	2010-Mar-28	0.1233	48.0	580 m - 1.3 km	26.90

(2009 SO103)	2010-Apr-03	0.1981	77.1	920 m - 2.1 km	21.96
(2006 SU217)	2010-Apr-04	0.1664	64.8	22 m - 49 m	5.35
(2009 HE60)	2010-Apr-05	0.0550	21.4	20 m - 44 m	5.95
(2009 TJ4)	2010-Apr-05	0.1289	50.2	16 m - 36 m	5.21
(2004 ER21)	2010-Apr-06	0.0816	31.8	37 m - 82 m	7.21
(2007 RF2)	2010-Apr-08	0.1961	76.3	190 m - 430 m	25.62
(2009 UX87)	2010-Apr-09	0.1345	52.3	23 m - 51 m	7.17
(2002 FQ5)	2010-Apr-10	0.1656	64.4	210 m - 480 m	20.45
(2008 GG2)	2010-Apr-10	0.1447	56.3	77 m - 170 m	7.16
(2004 FG11)	2010-Apr-10	0.0648	25.2	180 m - 390 m	25.46
218017 (2001 XV266)	2010-Apr-15	0.1856	72.2	330 m - 730 m	6.52
(2001 HC)	2010-Apr-15	0.1693	65.9	500 m - 1.1 km	14.86
(2009 BW2)	2010-Apr-16	0.1254	48.8	25 m - 56 m	4.25
(2009 BK2)	2010-Apr-17	0.1880	73.1	23 m - 52 m	5.82
(2004 HZ)	2010-Apr-17	0.1767	68.8	95 m - 210 m	18.62
(2005 YU55)	2010-Apr-19	0.0135	5.3	110 m - 240 m	13.17
(2008 UC202)	2010-Apr-20	0.0980	38.1	6.0 m - 13 m	4.10
(2009 UY19)	2010-Apr-23	0.0227	8.8	54 m - 120 m	4.81
(2004 US1)	2010-Apr-25	0.0673	26.2	190 m - 420 m	18.07
(2005 XB1)	2010-Apr-28	0.1401	54.5	120 m - 270 m	11.28
164207 (2004 GU9)	2010-Apr-28	0.1970	76.7	160 m - 350 m	7.08
(2008 UN3)	2010-Apr-29	0.1595	62.1	110 m - 240 m	14.70
(2002 JR100)	2010-Apr-29	0.0204	8.0	40 m - 90 m	8.00
(2007 TD71)	2010-May-01	0.1914	74.5	530 m - 1.2 km	28.77
(2009 YF)	2010-May-02	0.1490	58.0	31 m - 69 m	3.70

Quelle : NASA/JPL

AU =AE = Astronomische Einheit = ~150 Million Kilometer (Mittlerer Abstand zwischen Sonne und Erde)

1 LD = Lunar Distance = Abstand Erde/Mond = ~384,000 Kilometer

„2003 QQ47 steuert 2014 auf die Erde zu

Droht am 21. März 2014 eine Katastrophe, die weite Landstriche auf der Erde vernichten wird? Ganz ausschließen können dies die Astronomen bislang nicht: Mit einer sehr geringen Wahrscheinlichkeit wird der Asteroid 2003 QQ47 an diesem Tag mit der Erde kollidieren. Die Experten gehen allerdings davon aus, dass sie nach genaueren Messungen der Asteroidenbahn bald Entwarnung geben können. Der mögliche Einschlag des Asteroiden 2003 QQ47 am 21. März 2014 verhalf dem Brocken im All zur Klassifizierung "1" auf der Turiner Skala zur Klassifizierung von Asteroidengefahren. Eine "1" beschreibt einen Asteroiden, der genauerer Beobachtungen bedarf. Diese dürften in der Tat nötig sein, den bislang liegen von dem Brocken mit einer Masse von rund 2,6 Billionen Kilogramm und einem Durchmesser von 1,2 Kilometern nur 51 Beobachtungen von sieben verschiedenen Tagen vor - zu wenig um eine genaue Bahn zu bestimmen. Aus den vorhandenen Daten ergibt sich allerdings eine Kollisionswahrscheinlichkeit mit der Erde von 1:909.000. Bei einem Einschlag, so die Ansicht der Experten, würden weite Landstriche der Erde vernichtet werden. Allerdings ist es deutlich zu früh für schlaflose Nächte: Schon des Öfteren war in der Vergangenheit ein Asteroid entdeckt worden, bei dem zunächst ein geringes Risiko bestand, dass er mit der Erde kollidieren kann. Nach gründlicherer Verfolgung seiner Bahn stellte sich aber immer heraus, dass er in absehbarer Zeit die Erde immer verfehlen wird. Das erwarten die Experten auch im Falle von 2003 QQ47: "Der Asteroid wird während der nächsten zwei Monate von der Erde aus sichtbar sein und von Astronomen genau verfolgt werden". Mit genaueren Bahndaten ist also bald zu rechnen.

2003 QQ7 wurde am 24. August 2003 von dem Lincoln Near Earth Asteroid Research Program (LINEAR) in Socorro im

US- Bundesstaat New Mexico aufgespürt. Dieses meldete die Entdeckung and das Minor Planet Centre in Massachusetts, das die Aufgabe übernommen hat, Entdeckungen von Asteroiden und Kometen zu prüfen und darüber Buch zu führen. "Wenn in den nächsten Monaten genauere Bahndaten von 2003 QQ47 verfügbar sind, wird die Unsicherheit in der Bahnberechnung kleiner werden und der Asteroid sehr wahrscheinlich von der Turiner Skala verschwinden", so Kevin Yates, Projektmanager für das britische Near-Earth-Objects Information Centre am National Space Centre in Leicester.

Asteroiden sind Felsbrocken die - so die Theorie der Astronomen - bei der Entstehung des Sonnensystems übrig geblieben sind. Die meisten finden sich in sicherer Entfernung von der Erde zwischen der Mars- und Jupiterbahn. Allerdings kann der Einfluss der Schwerkraft des Jupiters die Bahnen der kleinen Asteroiden beeinflussen und sie so umlenken, dass sie in Erdnähe geraten.

Die Turiner Skala für die Klassifizierung von Asteroidengefahren war im Jahr 1999 in Turin vorgestellt worden (astronews.com berichtete), um auch für Laien die Gefahren, die von Asteroiden ausgehen, transparenter zu machen. Nahe Begegnungen mit der Erde erhalten nach der Turiner Skala Werte von "2" bis "7", sichere "Treffer" bekommen die Werte "8" bis "10" - je nachdem ob der Einschlag nur lokale, regionale oder aber globale Verwüstungen zur Folge haben wird. Bisher ist jedoch kein Asteroid über den Wert "1" hinausgekommen." **Stefan Deiters, astronews.com, 3. September 2003**

Was der Autor nicht wissen konnte, ein Jahr später wurde 2004MN4 zeitweise mit dem Wert 4 auf der Turiner Skala geführt. So weit hatte es noch kein Asteroid geschafft.

17. Was sind Sungrazer ?

Während ich dieses Kapitel schrieb, wollte ich einfach wissen, was der durchschnittlich gebildete Mensch sich so vorstellt, wenn er den Begriff „Sungrazer" hört oder liest. Also fragte ich ein Dutzend Leute. Nachfolgend die Beschreibung die mir am besten gefiel:

„Sungrazer, das sind große Bisonherden, welche in der nordamerikanischen Prärie, in der untergehenden Abendsonne, friedlich umherziehen und das saftige Präriegras fressen, also grasen". Ein wunderschönes Bild, Karl May und Winnetou lassen grüßen. Aber Sungrazer sind etwas ganz anderes.

Sungrazer sind Himmelskörper (Kometen und Asteroide) welche entweder direkt in die Sonne stürzen oder der Sonne so nahe kommen dass sie verdampfen!
85% der Sungrazer gehören einer bestimmten Gruppe an, der „Kreutz Gruppe", nach Heinrich Kreutz (1854-1907) benannt, der als erster, aufgrund von Bahnberechnungen erkannte, dass ein Zusammenhang zwischen diesen Kometen besteht. Man geht davon aus, dass vor Jahrhunderten ein riesiger Komet der Sonne zu nahe kam und in tausenden Teilen zerbrach. Diese Teile wiederum kreisen um die Sonne und fliegen nach und nach in die Sonne hinein. Das Überraschende ist die enorme Anzahl der Sungrazer. Die von ESA und NASA gemeinsam betriebene Raumsonde SOHO (Solar and Heliospheric Observatory / Sonnen- und Heliosphären-Observatorium) kann etwas was andere Raumsonden nicht können, nämlich direkt in die Sonne schauen. Seit 1997 wurden 1185 Sungrazer entdeckt!

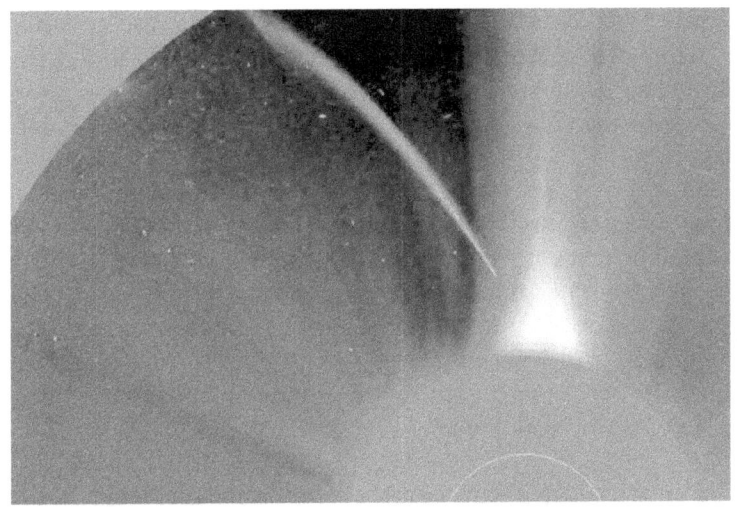

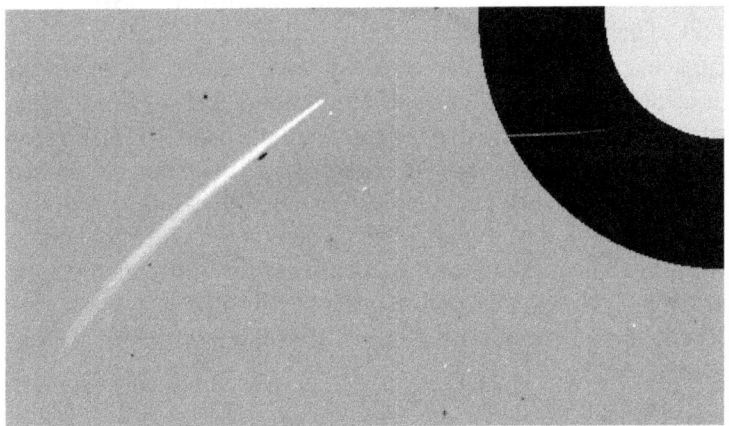

Bilder oben: Sungrazer rasen auf die Sonne zu. Die Sonne selbst ist von einer Scheibe der Raumsonde bedeckt. Quelle: ESA/NASA-SOHO

Sungrazer haben noch eine einzigartige Qualität: sie sind mit Abstand die schnellsten Himmelskörper in unserem Sonnensystem. Durch die enorme Anziehungskraft der Sonne werden sie auf Geschwindigkeiten von bis zu 300 Km/Sekunde beschleunigt. Das sind 1.080.000 Km/h! In unserem Sonnensystem ist nichts bekannt was sich, ausgenommen die Sungrazer, mit über einer Million Km/h bewegt.

Die Erklärungen zu den Sungrazern sollen zwei Aspekte verdeutlichen: wir sind immer noch dabei unser Sonnensystem kennen zu lernen und in unserem Sonnensystem ist viel mehr los als wir bis vor kurzem vermuteten. Nebenbei bemerkt, die Sungrazer stellen für uns keine Gefahr dar, die finden alle ihr Ende in der Sonne. Lassen Sie uns deshalb wieder zu den Asteroiden zurückkommen.

Für unsere Zeit (Generation) werden wohl die Jahre 2014, 2029, 2036 und 2044, was Asteroide betrifft, von Bedeutung sein. Diesen Herausforderungen sollten wir Menschen uns zunächst mal stellen. Es sei denn, plötzlich taucht ein noch unbekannter Asteroid auf und nimmt Kurs auf die Erde. Alles spricht also für die Bereitstellung eines effektiven Abwehrsystems. Wenn wir es schaffen, über den zeitlichen Tellerrand zu schauen, bietet sich ein unverändert düsteres Bild auch für die kommenden Generationen. Das Jahr 2880 wird, nach heutigem Kenntnisstand ein sehr kritisches Jahr. So kritisch, das weite Teile unsere Zivilisation (nicht die Menschheit insgesamt) bei einem Einschlag ernsthaft bedroht sein könnte.

„Kilometerdicker Asteroid prallt im Jahr 2880 möglicherweise auf die Erde

Vorgeschlagene Abwehrmaßnahme: Ruß aufs Haupt des Asteroiden streuen.

Der im Jahr 1950 erstmals gesichtete Asteroid 1950 DA könnte am 16. März 2880 in die Erde einschlagen. Das ist das Ergebnis einer Auswertung von Radardaten, die ein Team des Jet Propulsion Laboratory (JPL) der NASA beim letzten Vorbeiflug des Asteroiden im März 2001 aufgenommen hat. Ihre detaillierte Rechnung präsentieren die Wissenschaftler im Fachmagazin Science (Bd. 296, S. 132). Eine effektive Abwehrmethode könte das Bestreuen der Oberfläche des Asteroiden mit Ruß oder Kalk sein, wie Joseph Spitale von der Universität von Arizona in der gleichen Science-Ausgabe vorschlägt.

Der Asteroid 1950 DA hat einen Durchmesser von etwa einem Kilometer. Das ist groß genug, um bei einer Kollision mit der Erde eine weltweite Katastrophe mit möglicherweise einigen hundert Millionen Toten auszulösen. Er ist jedoch – unter normalen Umständen – zu klein, um eine Bahnberechnung zu ermöglichen, die über mehr als einige Jahrzehnte in die Zukunft hinausreicht. Denn solch relativ kleine Objekte können bereits durch geringe Störfaktoren wie beispielsweise dem nahen Vorbeiflug an einem anderen Asteroiden von ihrer bislang berechneten Umlaufbahn abgelenkt werden.

Bei Auswertung der bekannten Bahndaten stellte das Team um Jon Giorgini jedoch fest, dass die Asteroidenbahn durch eine so genannte Gravitationsresonanz stabilisiert wird. Das bedeutet, dass der Asteroid zwar nach wie vor durch Störeinflüsse von seiner Bahn abgelenkt werden kann, dass er aber – solange die Störeinflüsse ein bestimmtes Maß nicht überschreiten – wieder in seinen ursprünglichen Orbit zurückschwingt. Hervorgerufen wird diese Resonanz wahrscheinlich durch die Schwerkraft der Erde.

Aufgrund dieser ungewöhnlichen Bahnstabilität erschien es den Wissenschaftlern möglich, die Bewegung des Asteroiden für mehrere Jahrhunderte in die Zukunft zu berechnen. Dazu mussten sie jedoch Störfaktoren in ihre Rechnung mit einbeziehen, die bisher bei ähnlichen Berechnungen vernachlässigt worden waren.
Denn auch wenn die Asteroidenbahn selbst außergewöhnlich stabil ist, so kann der Asteroid trotzdem noch auf seiner Bahn beschleunigt und abgebremst werden.

In ihrer Rechnung berücksichtigten die Astronomen unter anderem die Wirkung des Sonnenwindes, die Abplattung der Sonne an ihren Polen, den Verlust der Sonne an Masse und neben den Planetendaten die Bahndaten von insgesamt 7196 anderen Asteroiden mit einem Durchmesser von mehr als zehn Kilometer. Es stellte sich heraus, dass 2051 Asteroiden bis zum Jahr 2880 mindestens einmal nahe an 1950 DA vorbeifliegen werden, 61 davon so nahe, dass sie in den Bewegungsgleichungen berücksichtigt werden mussten.

Alles in allem kommen Giorgini und Kollegen zu dem Ergebnis, dass die Kollisionswahrscheinlichkeit mit der Erde am 16. März 2880 eins zu dreihundert beträgt. Das übertrifft die Kollisionswahrscheinlichkeit aller anderen bisher bekannten Kollisionskandidaten mit mehr als einem Kilometer Größe um das Tausendfache.

Es bleibt jedoch eine Unbekannte, die die Forscher bisher nicht berücksichtigen konnten: der so genannte Yarkovski-Effekt. Das ist der Rückstoß, den der Asteroid durch abgestrahlte Wärmestrahlung erfährt. Die Größe dieses Rückstoßes hängt von der Beschaffenheit der Asteroidenoberfläche und von der Lage seiner Drehachse ab. Beides ist bisher noch nicht hinreichend bekannt.

Joseph Spitale sieht gerade in diesem Yarkovski-Effekt eine

effektive Möglichkeit, Asteroiden von ihrer Bahn abzulenken. Durch Bestreuen der Oberfläche eines Asteroiden mit weißem Kalk oder schwarzem Ruß könnte man die Wärmeabstrahlung von der Asteroidenoberfläche abschwächen bzw. verstärken. Voraussetzung ist allerdings, dass der berechnete Kollisions-Termin wie bei 1950 DA mehrere Jahrhunderte in der Zukunft liegt.

Spitale hat ausgerechnet, dass ein 1 Kilometer großer Asteroid in 100 Jahren um 15.000 Kilometer abgelenkt werden könnte, wenn es gelingen würde, den Yarkovsky-Effekt vollkommen auszuschalten. Das könnte man beispielsweise dadurch bewerkstelligen, dass man seine Oberfläche mit einer ein Zentimeter dicken Kalkschicht bestreut. Dazu müsste man 250.000 Tonnen Kalk zum Asteroiden befördern. Allerdings würde Spitale zufolge bereits ein Zehntel dieser Menge eine spürbare Bahn Veränderung bewirken." **Axel Tillemans (Bild der Wissenschaft online 05.04.2002)**

Kurze Ergänzung von mir: auch dieser Asteroid „verschwand" 17 Tage nach seiner Entdeckung und wurde erst im Jahre 2000 wieder geortet. 50 Jahre lang wussten wir einfach nicht wo er sich herumtrieb, und ob, und wenn ja wie oft und wie nahe er an der Erde in diesen 50 Jahren vorbei flog! Mit 1,1 Km Durchmesser ist er kein globaler Killer aber groß genug um hunderte Millionen Menschen zu töten.

Es liegen Berechnungen vor die besagen, dass der Asteroid im Jahr 2880 im Abstand von 288 000 km die Erde passieren wird. Das ist aber immerhin um einiges näher als unser Mond seine Bahn zieht. Wir möchten dadurch noch mal die Gefährlichkeit der NEO´s unterstreichen.

4179 Toutatis ist schon wesentlich gefährlicher.

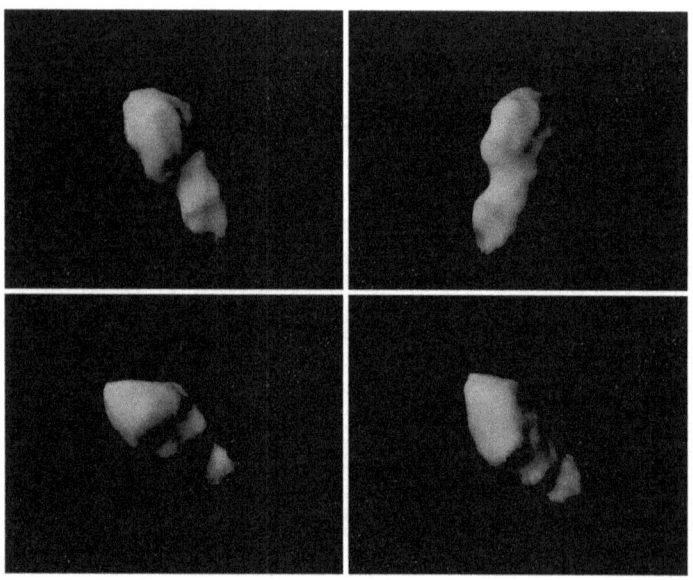

Oben: Radarabbilder von Toutatis. Quelle: NASA/JPL

Hier zunächst einige Physikalische Daten zu 4179 Toutatis. Durchmesser: 45x2,4x1,9 Km, Masse: 5×10^{13} Kg ($5x10^{10}$ Tonnen oder 50.000 Millionen Tonnen!!!). Benannt nach dem keltischen Gott Teutates, wurde der Asteroid am 4. Januar 1989 von Christian Pollas entdeckt. Frühere Bezeichnungen: 1934 CT, 1989 AC.

1999 JM8, der nächste Kandidat, hat einen geschätzten Durchmesser von 3,5 Km. 53319 oder 1999 JM_8 wurde am 13. Mai 1999 im Rahmen des LINEAR-Projektes mit einem Teleskop der US Air Force in New Mexico entdeckt und passierte vom 1. bis 9. August 1999 die Erde in einem Abstand von nur 8,5 Mio. km, was der 22-fachen Mondentfernung entspricht. Als so genanntes Near Earth Object wird er von der NASA regelmäßig beobachtet.

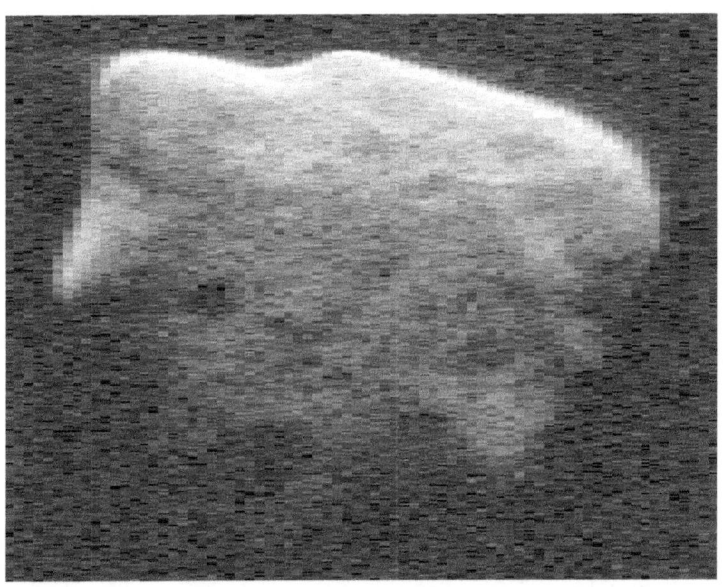

oben:53319 oder 1999 JM8 .Quelle NASA/JPL

Die beiden oben genannten Asteroiden (4179 Toutatis und 1999 JM8) haben vieles gemeinsam. Sie haben einen Durchmesser von jeweils 3,5-4 Km, sie rotieren langsam um ihre Achse (sie taumeln durch s All sozusagen), allerdings mit einer relativen Geschwindigkeit zur Erde von ca. 50.000 Km/h und sie sind alte Felsbrocken aus der Frühgeschichte unseres Sonnensystems. Beleg dafür sind die Einschlagkrater auf ihrer Oberfläche. Sie sind ebenfalls keine globalen Killer, jedoch zum Unterschied von unserem nun bekannten 2004MN4 würde ein Einschlag die Menschheit insgesamt schwer treffen. 50 bis 75 % der Menschheit würden die ersten Wochen nicht überleben. Der Klimawandel würde uns in einen „atomaren Winter" ähnlichen Zustand stürzen. Staatliche und globale

Strukturen würden in weiten Teilen unserer Welt nicht mehr funktionieren. An Ernten jeglicher Art müssten wir jahrelang verzichten. Vorsichtige Schätzungen gehen davon aus dass ca. 10 % der Menschheit überleben würde und einen totalen Neuanfang wagen müsste.

Nun werden Sie sich sicher fragen, dies ist kein globaler Killer, jener ist kein globaler Killer, was ist nun ein globaler Killer? Wie groß müsste denn ein Asteroid oder Komet sein um uns komplett auszulöschen? Und bedroht uns überhaupt so ein Brocken?

Zunächst mal zu Ihrer Beruhigung: Nein!
Es ist nichts bekannt, was uns derartig bedrohen könte. Ein Asteroid oder Komet wie von Hollywood verfilmt (siehe die Anfangskapitel weiter oben) bedroht uns nicht. Es ist weit und breit kein Himmelskörper bekannt der uns in diesem Ausmaße bedrohen würde. Es besteht zwar theoretisch die Gefahr dass sich weitere Kometen aus der Oortschen Wolke lösen können, und als langperiodische Kometen (Umlaufzeit zwischen 60 und 200 Jahre) sich auf das Innere des Sonnensystems, also auf uns, zu bewegen könnten. Der lange Weg bis zu uns und der Kometenschweif geben uns aber eine ausreichende Vorwarnzeit sowie eine gute Berechenbarkeit der Flugbahn.

Dennoch soll die theoretische Frage, was ist ein globaler Killer beantwortet werden.

Lassen Sie uns nun zwei Begriffe erstmal getrennt betrachten: unsere menschliche Zivilisation und die Spezies Mensch.

Unsere Zivilisation ist schon bei einem Asteroideneinschlag eines Brockens der Größenordnung 4-5 Km Durchmesser ernsthaft bedroht. Was heute normal ist, wie

Telekommunikation, Mobilität, Warenfluss und Energie-Transfer, das wäre erstmal weg. Dazu kämen sekundäre Ereignisse wie Umweltkatastrophen, denken Sie mal an die zahlreichen Supertanker oder die riesigen Erdöllager, z.B. in Rotterdam oder an die 480 Atomkraftwerke die weltweit in Betrieb sind.

Um die menschliche Zivilisation in die Steinzeit zurückzuversetzen müsste unsere Erde von einem Brocken von der Größenordnung 50-100 Km im Durchmesser getroffen werden. Bei einem derartigen Einschlag würden viele Arten aussterben. In besonderen geografischen Lagen könnten Menschen in größeren Gruppen überleben.

Der globale Killer, der uns Menschen komplett auslöschen würde, muss 300- 350 Km im Durchmesser haben. Ein Einschlag würde alles höhere Leben vernichten. An der Erdoberfläche würde praktisch alles verbrennen. Die Zusammensetzung unserer Atmosphäre würde sich gravierend verändern (Sauerstoff würde verbrennen Kohlendioxid würde dramatisch ansteigen). Die Erde würde ein riesiges Treibhaus werden, vermutlich über Jahrtausende. Insekten und Kleinstlebewesen (Pilze, Bakterien, Viren) würden auch diese Apokalypse überleben. Dies ist das Ereignis aus Sicht der Menschheit. Astronomisch gesehen würde sich nichts ändern, weder an der Umlaufbahn noch an der Rotation oder am Neigungswinkel der Erde. Ein astronomischer non - Event sozusagen.

Um sämtliches Leben auf unserem Planeten auszulöschen müsste ein Asteroid oder Komet der Größenkategorie 500-1000 Km Durchmesser einschlagen. Ein Einschlag dieser Kategorie würde unsere Erde in einen tausende Grade heißen leblosen Himmelskörper verwandeln. Die Frage ist dann offen ob Leben sich erneut auf der Erde ansiedeln würde oder ob das

Leben hier ein Phänomen von galaktischer Singularität war. Schade, aber wir würden es nie erfahren.

Asteroide dieser Kategorie befinden sich allerdings auf sehr stabilen Umlaufbahnen eben im Asteroidengürtel (oder Hauptgürtel) zwischen Mars und Jupiter.

18. Die Pioneer Anomalie

Astrophysiker bekommen, wenn sie mit diesem Phänomen konfrontiert werden, entweder eine Gänsehaut oder es stellen sich ihnen die Nackenhaare auf. Die Anomalie kann ganz schlicht und einfach nicht erklärt werden. Lesen Sie gleich worum es dabei geht.

1972 und 1973 startete die NASA die baugleichen Sonden Pioneer 10 und Pioneer 11 um die Erforschung des Jupiters, des Saturns sowie des interplanetaren Mediums und des Asteroidengürtels voranzutreiben. Die beiden Sonden erwiesen sich als hervorragend konzipiert und übertrafen alle Erwartungen. Es wurden neue Details zu den Saturnringen sowie ein neuer Saturnmond entdeckt. Soweit so gut, alles in Ordnung. Anschließend flogen beide Sonden auf ganz unterschiedlichen Bahnen in Richtung äußeres Sonnensystem (Kuyper Gürtel, Oortsche Wolke etc)

1980 fiel erstmals auf, dass beide Sonden nicht dahin flogen wohin man es berechnet hatte. Die Anomalie wurde zunächst nicht weiter ernst genommen und als zufälliger Fehler ausgelegt. Erst 1994, als der Effekt nicht verschwand, wurde er genauer untersucht. Sie werden durch eine konstante Beschleunigung abgelenkt. Mit anderen Worten, Pioneer 10 und 11 werden jährlich mit etwa 13.000 Km abgelenkt, sprich heute sind sie jeweils ca. 400.000 Km von den Punkten entfernt wo sie sein sollten. Dazu ein kurzes Zitat:

„Es ist eines der größten Rätsel der Weltraumforschung: Die beiden "Pioneer"-Sonden der NASA sind auf mysteriöse Weise von ihrem Kurs abgewichen. Seit Jahren versuchen Wissenschaftler vergebens, das Phänomen zu erklären. Die Lösungen, die noch übrig bleiben, lassen Experten schaudern."
Eugen Reichl / Spiegel online am 26.09.2006

Um es kurz zu machen, Fehlerquellen wurden ausgeschlossen und es gibt nur noch einige wenige Erklärungen die jedoch (noch) kein schlüssiges Erklärungsmodell hergeben: die uns noch unbekannte „dunkle Materie" mit ihrer Gravitation oder die Gravitation anderer nicht definierter Himmelskörper.

Sind wir wieder da wo wir schon mal waren? 2004MN4 fliegt durch dasselbe Medium wie Pioneer 10 und 11...und wir sind mit einem berechneten extrem knappen Vorbeiflug von rund 20.000 Km zufrieden?! Fehlt uns einfach Wissen um Flugbahnen über Milliarden Kilometer zu berechnen? Warum beschäftigt sich die Astrophysik so intensiv mit den 400.000 Km Ablenkung der beiden Pioneer Sonden, aber im Falle unseres Asteroiden 99942 Apophis/ 2004MN4 soll die Bahnberechnung OK sein?!

19. Lösungsansätze

Grundsätzlich ist die allgemeine Haltung, wenn es um die Asteroiden Gefahr geht, eine Haltung des Abwartens, des Beobachtens, des Nach – und Neuberechnens. Die Fachwelt schreibt viel und rechnet viel und ist mit Trefferwahrscheinlichkeiten von 1 bis 2,7 % offensichtlich nicht wirklich aus der Ruhe zu bringen.

Die weiter oben beschriebene ESA Überlegung „Don Quijote", Sie erinnern sich noch, man möchte den 75 Mio. Tonnen Asteroiden mit einem 4 Tonnen Impaktor rammen und das soll s richten. Bilden Sie ihre eigene Meinung dazu, lieber Leser!

Die Ausnutzung des Yarkovsky- Effektes wurde weiter oben beschrieben. Wissenschaftlich einen geniale Überlegung, auf die Idee muss man erstmal kommen. Ich frage mich jedoch wie kommen 50.000 oder gar 100.000 Tonnen Kalk oder Ruß ins All? Sie erinnern sich noch, es geht um die Schwierigkeit viel Nutzlast in das All zu schicken.

Die ISS, unser momentanes Aushängeschild, das größte und beste Objekt was wir je da oben zusammengebastelt haben, bringt es mal grade auf 300 Tonnen. Seit 1998 waren geschätzte 40 Flüge nötig um die ISS aufzubauen. Bei ihrer Fertigstellung 2011 soll die ISS es auf eine Masse von 400 Tonnen bringen. Nun hängt die Qualität der ISS sicherlich nicht von ihrer Masse ab.

Ich möchte nur verdeutlichen wie lange wir gebraucht haben um 400 Tonnen Nutzlast in die Umlaufbahn zu bringen. Das Space Shuttle kann, wenn es nur in den erdnahen Orbit fliegt, 24.5 Tonnen Nutzlast mitnehmen, wenn es bis zur ISS fliegt jedoch nur noch 16,5 Tonnen Nutzlast mitnehmen. Unter erdnahen Orbit versteht sich eine Höhe von ca. 180-200 Km, die ISS hingegen befindet sich auf einem mittleren Orbit von rund 350 Km. Wie sollen also, noch mal die Frage, 50.000 oder gar 100.000 Tonnen Kalk oder Ruß ins All kommen? Die größten bisherigen Starts waren die des Apollo Programms.

Die Saturn V Trägerrakete (Apollo-Programm) brachte es auf 3000 Tonnen Startgewicht. Oben angekommen sind immerhin 133 Tonnen Nutzlast.

Eine weitere zwar wissenschaftlich geniale, jedoch schwer praktikable Lösung wäre das Anbringen von Raketentriebwerken an der Oberfläche eines Asteroiden. Die Schubkraft würde ausreichen die Bahn des Asteroiden zu verändern. Klingt schön, es gibt dagegen nicht einzuwenden. Bitte machen! Und zwar möglichst bald .

Die Idee, einen Asteroiden mit Hilfe eines riesigen Sonnensegels quasi abzuschleppen ist auch überlegenswert. Der Druck des Sonnenwindes auf das Sonnensegel würde bei kleinen und mittleren Asteroiden ausreichen um die Bahn zu verändern. Klingt gut, kommt bei Menschen die Nuklearwaffen ablehnen auch sicher gut an. Auch hier gilt: bitte schön, ausprobieren und zwar möglichst bald!

Der nächste friedfertige Vorschlag: Ein Raumschiff mit großer Masse nahe an den Asteroiden positionieren und durch die gegenseitige Gravitationskraft, den Asteroiden von der Bahn leicht ablenken (gravitational tractor). Das ist genial und funktioniert auch sicher, dauert aber lange. Es taucht dann jedoch wieder die Frage auf, schaffen wir es in relativ kurzer Zeit ein großes Raumschiff mit viel Masse in den Orbit und dann Millionen Kilometer weiter weg zu bringen? Und dann die Frage: soll dieses massive Raumschiff als Rangierlokomotive fungieren und von einem Asteroiden zum anderen schippern oder brauchen wir mehrere davon? Ein großes Raumschiff mit richtig viel Masse könnte auch ausreichen, wenn es denn schnell genug unterwegs sein würde. Allerdings nicht mit konventionellem Antrieb. Nuklearer Antrieb wäre nötig. Bedenkenträger werden schnell Einwände vorbringen, bitte ja keinen nuklearen Antrieb im All!

Dann gibt es Überlegungen einen potenziell gefährlichen Asteroiden anzustrahlen, mit Laser oder mit gebündeltem Sonnelicht.

Es gibt Vorschläge einen Asteroiden teilweise in eine Alufolie zu verpacken um die Wirkung des Sonnenwindes auf den Asteroiden zu verstärken/zu verändern.

Anderer Vorschlag: vor dem Asteroiden einen Wasser/ Eisnebel versprühen um ihn abzubremsen. Auch machbar, nur die Frage ist wie viel Wasser muss man wie lange versprühen? Denken Sie an das Nutzlast Problem im All.

Diese Liste mit friedfertigen Vorschlägen lässt sich beliebig fortsetzen, alleine es sind Vorschläge die nicht umgesetzt werden. Es hat sich leider noch keine Instanz herauskristallisiert welche legitimiert wäre ein Programm tatsächlich zu starten und im Notfall auch Entscheidungen zu treffen. Das muss sich demnächst ändern!

Erscheint es dann nicht doch einfacher und sofort umsetzbar, einen Sprengsatz von 100 oder 200 Kg ins Orbit zu bringen, oder gleich ein paar Dutzend davon? Gemeint sind natürlich nicht Fässer mit Schwarzpulver oder TNT sondern taktische nukleare Sprengsätze, da sie in den Arsenalen der Menschheit eh unnütz herumliegen. Damit kennen wir uns bestens aus, wir können mit unseren Waffen bestens umgehen .Nun kommen vielleicht reflexartig Bedenken auf. Ist es gut Nuklearwaffen ins All zu schießen? Nein, gut ist das nicht, aber es gibt wohl keine ernsthaften Alternativen dazu. Und die nächsten Bedenken könnten lauten: und was, wenn der 350 Meter Felsen dann in Einzelstücke zerbricht und es gleich mehrere Einschläge gibt? Nun, weiter oben im Buch ist beschrieben, Brocken von 5-10 Meter kommen in aller Regel gar nicht unten an, die verglühen oder detonieren in der oberen Atmosphäre. Und einige wenige Bruchstücke von 40-50 Meter, na ja, damit müssten wir eben leben können.

Es sei denn wir sind so schlau und sprengen den Asteroiden nicht vor unserer Haustür, warum auch?! Sondern dann wenn er noch so weit entfernt ist dass wir einen zweiten Schuss bekommen.

Warum testen wir nicht wie ein Asteroid sich überhaupt verhält wenn er gesprengt wird? Es gibt mehr als genug davon, auch solche die uns nicht um die Ohren fliegen. Finden Sie nicht es wäre viel beruhigender wir hätten schon mal einen oder mehrere Asteroide gesprengt und wüssten es funktioniert? Wir könnten doch den angedachten bemannten Flug zum Mond und/ oder Mars um ein paar Jahre verschieben wenn es an Raketen und oder Manpower mangelt.

Letztendlich müssen wir entscheiden ob und wie wir der Bedrohung begegnen. Wollen wir Verschiebebahnhof mit einem schweren (unbemannten) Raumschiff spielen oder wollen wir Fakten schaffen indem wir alles was gefährlich ist wegsprengen?

Oder finden wir einen Kompromiss der lauten könnte: wir bringen unser Abwehrsystem mit den nuklearen Sprengköpfen in Position und versuchen alle anderen Mittel aus. Scheitern diese bleiben immer noch die nuklearen Sprengköpfe als ultima Ratio.

Ich wiedergebe im folgenden Abschnitt ausdrücklich meine persönliche Meinung:

Ein Vorhaben zur erfolgreichen Asteroidenabwehr kann nur mit Nuklearwaffen erfolgen und sollte unbedingt eine militarisierte Mission sein. Kommandostrukturen wie sie nur das Militär bietet, sind nötig. Nationale Alleingänge werden nicht die Lösung sein können.

Wir benötigen 3 Elemente um bei der Abwehr erfolgreich zu sein:

1. Ein Weltraum- und terrestrisch gestütztes Frühwarnsystem.

2. Ein im Weltraum stationiertes Abwehrsystem bestehend aus Trägersystemen(Raketen) mit nuklearen Sprengsätzen.

3. Ein kompetentes, militarisiertes, übernationales Gremium, welches absolut unabhängig von nationalen Befindlichkeiten entscheidet wann, welcher Asteroid, wo und wie gesprengt werden muss.

20. Nachwort

Wir, die menschliche Zivilisation, scheinen auf einem guten Weg zu sein, unser Sonnensystem und unseren Planeten zu verstehen und mit diesem Himmelskörper vernünftiger umzugehen. Die steigenden Recycling Bemühungen und die zunehmende Verwendung von regenerativen Energien stimmen leicht zuversichtlich. Große militärische Konflikte scheinen überwunden. Die kollektive Vernunft scheint ebenfalls zuzunehmen.

Das Glück der Spezies Mensch, bisher von einem großen Einschlag verschont geblieben zu sein, wird nicht ewig andauern. Es mag zynisch klingen, aber hätte in 1908 der Knall nicht über dem unbevölkerten Sibirien (Tunguska) stattgefunden sondern über einer europäischen Großstadt wären wir vielleicht heute schon weiter. Möglicherweise hätten Luft- und Raumfahrt eine andere, schnellere Entwicklung genommen.

Bei einer Gesamtoberfläche unseres Planeten von ca. 510 Mio. Quadratkilometern kann sich jeder Staat, jeder Bezirk und jede Kommune ausrechnen, wie hoch die Wahrscheinlichkeit ist, direkt getroffen zu werden, wenn es zum Einschlag kommt. Gehen Sie, falls Sie selbst rechnen wollen, von einem „Ground Zero" von rund 20.000- 30.000 Quadratkilometern aus.

Flächenriesen wie Kanada, Russland, USA, China, Australien oder Brasilien werden sich nicht existentiell bedroht fühlen.

Ich hoffe jedoch sehr, besonders die erwähnten kleinflächigen Staaten wie Belgien, Holland, Dänemark, Schweiz, Israel, Island, Malaysia, Singapur, Korea, Panama, Kuba etc. könnten leichter sensibilisiert werden, sich des Themas alsbald anzunehmen.

Unsere Zivilisation hat ein technisches Entwicklungsstadium erreicht, welches es uns erlaubt, die Gefahr die von Asteroiden ausgeht, zu beherrschen. Ich hoffe mit dem vorliegenden Buch einen bescheidenen Beitrag geleistet zu haben, um das Thema wieder in das kollektive Bewusstsein zurückzuholen. Noch ist genügend Zeit um einen möglichen Einschlag erfolgreich abzuwehren. Wenn Sie mit dem Inhalt des Buches einverstanden sind und die Gefahr erkannt haben, dann handeln Sie! Schreiben Sie Leserbriefen, rufen Sie in Talkshows an, sprechen Sie Ihren Bürgermeister darauf an, oder vielleicht Ihren Kreis- oder Landtagabgeordneten. Versuchen Sie politische Parteien zu überzeugen das Thema aufzugreifen! Berufen Sie sich darauf dass Sie Steuern zahlen und ein Recht darauf haben geschützt zu werden. Bringen Sie das Thema in Ihrem Freundes- und Bekanntenkreis zur Sprache. Bleiben Sie, so gut es geht sachlich und erklären Sie jedem dass kein Grund zur Panik besteht, dass es jedoch sehr viele Gründe zur Diskussion gibt. Falls Sie ein Grundstück und/ oder Haus besitzen fragen Sie bei Ihrer Assekuranz nach, ob Sie gegen einen Asteroideneinschlag versichert sind! Vermutlich werden Sie erstmal auf verdutzte Mienen stoßen, aber bleiben Sie dran. Und hoffentlich (noch rechtzeitig) kommt das Thema dann oben an, bei denen die dafür bezahlt werden uns vor Schaden zu bewahren. Das Thema bleibt spannend. Hoffentlich werden die Jahre 2029 und 2036 keine Schicksalsjahre! Helfen Sie mit, die Untätigkeit und das Schweigen der Regierungen zu beenden.

Ralf Bernd Herden

2036 – Unvorbereitet?

Der zerstörerische Impact und seine möglichen Folgen

Ralf Bernd Herden
2036 – Unvorbereitet?
Der zerstörerische Impact und seine möglichen Folgen

Ralf Bernd Herden
Zur Person des Autors

© RBH

Ralf Bernd Herden befasst sich seit fast zwei Jahrzehnten intensiv mit Fragen und Problemen des Zivil- und Katastrophenschutzes. Der Jurist und Historiker war nach seinem Studium sechzehn Jahre als Bürgermeister leitend und gestaltend in der öffentlichen Verwaltung tätig.

Dabei war für ihn besonders die Fortentwicklung des Feuerlösch- und Rettungswesen stets von größter Bedeutung. Ralf Bernd Herden konnte umfangreiche Erfahrungen in den Strukturen und der Zusammenarbeit der verschiedenen Behörden und Organisationen mit Sicherheitsaufgaben sammeln.

Seit 1996 leitet er als Lehrbeauftragter Seminare in den Bereichen Gefahrenabwehr und Notfallvorsorge an einer deutschen Hochschule. Neben seinen Buchpublikationen, u.a. „Roter Hahn und Rotes Kreuz – Chronik der Geschichte des Feuerlösch- und Rettungswesens" sowie „Straßburg Belagerung 1870", erarbeitete er auch einen Musterlehrplan für die Ausbildung von Verwaltungsmitarbeitern im Bereich des Zivil- und Katastrophenschutzes.

Dieser Musterlehrplan wurde - von namhaften Fachautoren - erweitert und fortentwickelt, und schließlich von Ralf Bernd Herden als Herausgeber der Öffentlichkeit vorgestellt.

Ralf Bernd Herden
2036 – Unvorbereitet?
Der zerstörerische Impact und seine möglichen Folgen

Vorbemerkung

Der nachfolgende Text stellt ausschließlich und allein die persönliche Meinung des Verfassers dar. Er ist ausdrücklich keinerlei Stellungnahme oder Äußerung im Rahmen irgendeiner derzeitigen oder früheren Funktion des Autors, sondern eine völlig unabhängige Überlegung, welche als durchaus kritikwürdig und diskussionsfähig beabsichtigt ist. Die Arbeit will bewusst zur Diskussion anregen, eigentlich sogar provozieren, um aufzurütteln.

Sie erhebt nicht den Anspruch, wissenschaftliche Ergebnisse vorzutragen. Sie will aber, von wissenschaftlichen Ansätzen ausgehend, potentiell drohende Probleme verdeutlichen.

Da uns in vielen Fragen der Auswirkungen eines Big Bang nachvollziehbare und hinterfragbare Erfahrungen fehlen, ist durchaus auch Zweifel an der einen oder anderen Überlegung angebracht. Es wurde jedoch versucht, die Thesen logisch aus einander zu entwickeln und Erfahrungen der Vergangenheit, vor allem bei Großkatastrophen wie Vulkanausbrüchen oder Erdbeben, genauso zu berücksichtigen wie die leidvollen Erfahrungen der Kriege, insbesondere der Flächenbombardements und ihrer furchtbaren Auswirkungen.

Der Big Bang oder Impact wird in seinen Folgen und Auswirkungen ganz ähnliche Schadensbilder aufweisen, wie dies z.B. die furchtbaren Flächenbombardements des II. Weltkrieges hatten. Denken wir an Hamburg, Dresden oder Wuppertal – genauso wie an Coventry, Amsterdam oder Warschau. Nur wissen wir heute noch nicht, wo uns der Big Bang treffen könnte – wir wissen nur, dass wir aus den Schadensbildern der Kriege lernen müssen. Auch wenn wir dies nicht wollen, und wenn uns dies schwer fallen wird. Ein Impact ist nichts anderes, als ein riesiger Bombeneinschlag aus dem All – mit vielfacher Zerstörungskraft aller jemals zum Einsatz gebrachten Bombensysteme.

Ralf Bernd Herden
2036 – Unvorbereitet?
Der zerstörerische Impact und seine möglichen Folgen

Dabei steht nur eines fest: Durch die Annäherung des Asteroiden im Jahr 2029 kann seine Flugbahn – falls es nicht zum Big Bang kommt - so verändert werden dass bei seinem erneuten Vorbeiflug 2036 ein Einschlag noch wahrscheinlicher erscheint:

Insoweit ist es völlig gleichgültig, ob uns die Gefahr eines Impacts im Jahr 2029 oder 2036 treffen könnte. Die Frage ist in beiden Fällen: Wird uns das Ereignis unvorbereitet treffen? Welchen Szenarien könnten wir uns gegenüber sehen?

1. Einleitung

Die hier gemachten Überlegungen und Erörterungen zu den potentiellen Folgen eines möglichen Big Bang gehen von der Annahme aus, den zu befürchtenden Schaden vom äußerstem Kreis aus, der am wenigsten betroffen ist, zum innersten Kreis hin, der am stärksten betroffen ist, zu betrachten.

Eine genaue Abgrenzung der einzelnen Schadenskreise ist weder theoretisch, noch praktisch möglich. Viele Annahmen sind schlicht Vermutungen, offen gesagt gibt es auch keine völlig realistischen Betrachtungen und Beobachtungen hierzu.

Fest steht im Falles eines Big Bang nur eines: Im Zentrum, dem Ort des unmittelbaren Einschlags, wird es weder Abwehr- noch Hilfsmöglichkeiten geben.

Der Einschlag führt schlicht und ergreifend zu dem, was wir Totalverlust nennen: Es wird kein Stein auf dem anderen bleiben, es wird keine Infrastruktur erhalten bleiben – und es wird auch kein Lebewesen eine Überlebenschance haben. Kein Mensch, kein Säugetier, nicht einmal die am stärksten widerstandsfähigen Insekten werden dem Druck und der Hitze des Einschlags stand halten können.

Ralf Bernd Herden
2036 – Unvorbereitet?
Der zerstörerische Impact und seine möglichen Folgen

1.1. Folgen für die Materie

Jede lebende Biomasse wird auf ihre Kernsubstanz reduziert: Kohlenstoffrückstände im eigentlich kam mehr messbaren Bereich. Denn alles, was brennbar ist, wird verbrennen.
Vergessen wir dabei auch nicht: Stein und Beton brennen zwar bei Bränden „natürlicher" Ursachen mit Temperaturen um 1000 °C nicht. Jedoch auch sie schmelzen bei extrem hohen Temperaturen. Die Untersuchungen nach den Luftangriffen des II. Weltkrieges stellten beispielsweise anschaulich unter Beweis, wie beispielsweise Glas (bei rund 1.500 °C) oder keramische Kachel-Glasuren (bei rund 1.400 °C) schmelzen. Metalle verdampfen übrigens bei 1.000 °C bis 3.400 °C, was auch nicht vergessen werden sollte.
Im Kernbereich wird es zum Steinerweichen kommen. Nicht nur Metalle, sondern selbst Gestein wird verdampfen.
Sicherlich haben in den Feuerstürmen von Dresden und Hamburg extremste Temperaturen geherrscht. Es gibt aber keinen vernünftigen Anlass dafür, daran zu glauben, dass die Temperaturen im Kernbereich des Big Bang niedriger sein werden. Ganz im Gegenteil ist mindestens mit Temperaturen zu rechnen, welche geringstenfalls denen eines Vulkansausbruches entsprechen, wenn diese Rekorde nicht noch um ein vielfaches überschritten werden.

1.2. Folgen für die Sozialisation

Es wird nicht allein entscheidend sein, wie schwer ein Areal materiell betroffen ist. Dort, wo noch Überleben möglich ist, wird vielmehr entscheidend sein, welche Sozialisation, welche Gemeinschaftsstrukturen wie ausgeprägt sind, und welche Überlebenskraft diese Strukturen haben.
Berücksichtigt werden muss ferner, dass nicht nur die direkte Betroffenheit, sondern auch die Siedlungsdichte und die Sozialstruktur eine große Rolle spielen werden. Dieser Faktor

Ralf Bernd Herden
2036 – Unvorbereitet?
Der zerstörerische Impact und seine möglichen Folgen

wird im Allgemeinen eher vergessen, zumindest aber viel zu sehr vernachlässigt.

Kleinere, ländliche Gemeinwesen, welche weit von den Ballungsräumen entfernt liegen und durch diese Lage bisher benachteiligt waren, werden im Notfall im Vorteil sein.

Die geringere Zahl von Menschen wird eher in der Lage sein, auch kurzfristig ein soziales Miteinander des Überlebens zu organisieren, als die große Zahl von Menschen. In der dünnen Besiedlung war schon immer ein Mehr an Miteinander gefragt, um Überleben zu können. Hinzu kommt der größere, persönliche Bekanntheitsgrad. Anonymität und Isolierung haben hier keine Chance.

Hinzu kommt, dass folgende Problembereiche meist nur theoretisch bekannt sind: Unterschiedliche Herkunft und Religion, unterschiedliche Lebensweisen und Sprachidiome tauchen in überschaubaren Räumen als Trennungsfaktor nicht auf. Überschaubare Gemeinschaften können proportional entsprechend passende Minderheiten meist integrieren, unter Wahrung der jeweiligen Identität und unter Umgehung des allzerstörenden Zwangsmixes auf kleinstem Nenner, genannt „Multikulti" (obwohl das aber auch wirklich gar nichts mit Kultur zu tun hat, denn Multikulti bedeutet nicht interkulturell, sondern etwas primitivierend anderes…)

Dieses Basisgemeinschaftsgefühl als „Suche nach Sicherheit" hat sich als Form lebendigen Miteinanders in kleinen Dörfern rund um den Erdball bei allen Kulturen besser gehalten, als in den städtischen Ballungszentren, in denen sich weltweit oft viele Millionen Menschen arbeitsplatznomadisierend zusammendrängen müssen, manchmal noch unter unwürdigeren Umständen als eine europäische Legehenne in ihrer Batterie.

In Bereichen, in denen Sozialstrukturen nicht vorhanden sind oder versagen, werden sich von selbst neue Strukturen bilden.

Moralische Werte könnten dabei wieder aktuell eine Rolle spielen. Die Hinwendung des Menschen zur Spiritualität und Religion gerade in Zeiten höchster Not ist bekanntlich weder

Ralf Bernd Herden
2036 – Unvorbereitet?
Der zerstörerische Impact und seine möglichen Folgen

etwas Neues, noch etwas Negatives, sondern durchaus ein wertvoller Trittstein auf dem Wege zur Verbesserung von Überlebensstrategien.

2. Wissen und Handeln

Die möglichen Auswirkungen eines Big Bang sind durchaus absehbar, sind keine reinen Spekulationen. Sie sind – wenn auch nicht mit absoluter Sicherheit – aus vorhandenen Erfahrungswerten ableitbar oder herauszuentwickeln.

Wie steht es jedoch mit unserer Bereitschaft, sich diesem Thema zu stellen? Die nachfolgende Betrachtung wird unter Beweis stellen, dass die Suche nach individueller oder kollektiver Sicherheit, nach Sicherheit für uns, unsere Familien und unsere soziale Gemeinschaft, meist in die falsche Richtung geht.

Es ist nicht schön, sich mit Gefahren auseinander zu setzen. Die Erkenntnisse, welche man daraus gewinnt, sind meist unerfreulich. Absolut sichere Gegenstrategien gibt es für erkennbare, potentielle Großschadenslagen nicht. Es gibt vernünftige Lösungsansätze, aber eben keine Erfolgsgarantie.

Katastrophenschutz ist ein gesellschaftliches „Pfui"-Thema geworden, das man gerne einigen Spezialisten in Politik und Gesellschaft, in Hilfsorganisationen und Behörden überlasst. Böse Zungen behaupten, dass der „Internationale Hurentag" politisch und gesellschaftlich mehr Beachtung finde, als ein „Tag des Katastrophenschutzes".

Katastrophenschutz ist ein unbequemes Thema. Katastrophen finden aber nur Beachtung, wenn sie filmisch gut aufbereitet auf Großbildleinwand gebracht – und sicher vom Fernsehsessel aus verfolgt werden können. Ob dies der vielfach immer wieder erfolgreich verfilmte „Untergang der Titanic" war, oder die zahlreichen, wenn auch fiktiven, dafür aber umso kassenwirksameren Katastrophenfilme, mag dahingestellt bleiben.

Auch die Berichterstattung und Dokumentation wahrer Großkatastrophen findet große Aufmerksamkeit – wenn sie auch

Ralf Bernd Herden
2036 – Unvorbereitet?
Der zerstörerische Impact und seine möglichen Folgen

von der jeweils herrschenden „political correctness" abhängt. Über die 1.500 Todesopfer des „Titanic"-Untergangs wurde stets geredet – über die Toten der „Cap Arcona" (4.000-7.000 Opfer), der „Goya" (ca. 7.000 Opfer), der „Steuben" (ca. 4.000 Opfer) oder der „Wilhelm Gustloff" (bis zu 9.000 Opfer), alle gesunken 1945, wurde meist geschwiegen. Eben ein Akt der „political correctness", aber einer, der zu denken geben sollte.

Katastrophen und Katastrophenschutz sind unbequeme Themen. Themen, bei denen uns das Handeln aufgezwungen wird. Wir können meist nicht agieren, sondern lediglich reagieren. Dies widerspricht der Natur des Menschen, der den Umständen seinen Willen aufzwingen will.

Damit soll die Hilfsbereitschaft, die oft spontan und großzügig folgt, wie z.B. bei der Tsunami-Katastrophe vom 26. Dezember 2004 im Indischen Ozean , nicht geschmälert werden.

Die drohende Katastrophe aber wollte niemand beachten. Oder glaubt heute noch jemand, dass dies der erste Tsunami war?

Wir hatten bereits welche, der Tsunami war absehbar (nur sein Zeitpunkt nicht), und wir alle haben das Problem verdrängt. Als 1883 der Krakatau ausbrach, war die Flutwelle ebenfalls rund 40 Meter hoch. Daran wollte nur niemand mehr denken.

1896 wurde die japanische Insel Honshu von einem Tsunami heimgesucht. Und das Erdbeben von Lissabon 1755 warf bis zu zehn Meter hohe Wellen gegen die Küsten des östlichen Atlantik.

Gleiches gilt übrigens auch für die verdrängte Gefahr der Erdbeben. Nicht erst seit dem Erdbeben und großen Brand von San Francisco im April 1906 wissen wir, dass die St. Andreasspalte lebt, dass sie ein Teil der Erdkruste ist – und nicht nur ein schlichtes Loch.

Die großen Vulkanausbrüche der Vergangenheit hatten übrigens Folgen über die lokalen Auswirkungen hinaus: Sie haben, bedingt durch den hohen Aschenausstoß, in nicht wenigen Fällen zu Missernten geführt.

Missernten und ihre, oft auch politischen Folgen, sind heute aber meist in Vergessenheit geraten:

Ralf Bernd Herden
2036 – Unvorbereitet?
Der zerstörerische Impact und seine möglichen Folgen

Der katastrophalen Missernte des Jahres 1788 in Europa folgte im Jahr darauf die französische Revolution 1789.

Der Ausbruch des Tombora-Vulkanes 1815 verursachte im folgenden Jahr 1816 ein „Jahr ohne Sommer", welches in Europa und Nordamerika zu einer katastrophalen Missernete geführt hat. 1817 sollten das Wartburgfest und die Gründung der deutschen Burschenschaften folgen. 1818 erhielt Baden eine Verfassung, 1819 feierte die Reaktion in den Karlsbader Beschlüssen wiederum ihren Durchbruch.

Das Jahr 1846 war von einer schweren Missernte geprägt, die im Jahr 1847 in Deutschland zu Hungerunruhen führen wird. Das Jahr 1848 ging in die Geschichte als das Jahr der ersten, demokratischen Revolution in Deutschland ein – wenn diese auch bald darauf vom Korporalsstock preußischer Truppen erschlagen und verzopftem Beamtenmief erstickt wurde.

Es ist also deutlich zu erkennen, dass schwerwiegende Naturereignisse grundlegende Auswirkungen nicht nur auf den Naturhaushalt haben. Gerät dieser aus dem Gleichgewicht, drohen uns Missernten, Mangel, Hunger und Not. Aus diesen folgten in der Vergangenheit oft bedeutende, politische Veränderungen, denen allerdings auch bald wieder reaktionäre Tendenzen folgten. Klar ist aber: Zeiten der Not sind Zeiten bedeutender Umbrüche.

Allerdings fehlt uns als Kindern unserer Zeit, zumindest den meisten von uns in Mitteleuropa oder Nordamerika, die Vorstellung von Missernten und Hunger. Vorstellbar sind vielleicht gerade einmal noch Rohstoffknappheit und vorübergehende Versorgungsengpässe, aber nicht wirkliche Not. Hoffentlich müssen wir diese Erfahrungen nicht erst wieder schmerzhaft erleiden.

Und die Not wird umso größer sein, je geringer die Möglichkeiten des Nachrichten- und Warenaustauschs sein werden. Man wird immer mehr auf lokale, allenfalls regionale Strukturen zurückgreifen müssen. Heutige, globale Nachrichtenverbindungen wäre im Fall eines Big Bang völlig in Frage gestellt. Hierauf wird später noch gesondert einzugehen sein.

Ralf Bernd Herden
2036 – Unvorbereitet?
Der zerstörerische Impact und seine möglichen Folgen

Doch zurück zu einigen, wenn auch zum Teil umstrittenen, Fakten der Geschichte, wie dem Einschlag von Tunguska in Sibirien.

Über dieses Impact-Ereignis vom 30. Juni 1908 gibt es so gut wie gar keine objektiv auswertbaren Darstellungen. Es gab keine (überlebenden) Zeugen im Kernfeld des Ereignisses – aber rund 2.000 qkm verwüstete Fläche. Und eingedrückte Fenster in rund 60 Kilometer Entfernung vom angenommenen Schadenskern. Noch in 1.000 Kilometern Entfernung hörten die Menschen den Knall, um die Welt liefen Erdbebenwellen. Letzteres ist nachvollziehbar dokumentiert.

Vor rund 2.500 Jahren raste das Verderben über Bayern: Der „Chiemgau-Impact" soll sich ereignet haben. Ein Gebiet mit einer Ausdehnung von 27 mal 58 Kilometer soll einem Meteoriten zum Opfer gefallen sein. Dabei soll der Tüttensee bei Grabenstätt mit einem Durchmesser von rund 370 Metern als größter Krater des immensen Streufeldes entstanden sein. Die Explosion soll der Kraft von 8.000 Hiroshimabomben entsprochen haben. Dies ist zwar nicht unumstritten, aber auch nicht unglaubhaft. Noch viel weniger ist diese Theorie widerlegt.

Vor ungefähr 50.000 Jahren entstand durch den Einschlag eines Meteoriten mit einem Durchmesser von rund 50 Metern der Barringer-Krater in der Wüste Nordarizonas (USA). Der 170 Meter tiefe Krater misst rund anderthalb Kilometer im Durchmesser. Seine Explosion muss rund dreimal so stark wie die des Tunguska-Ereignisses gewesen sein. In einem Umkreis von vier Kilometern war alles Lebens ausgelöscht, ein Feuerball breitete sich über zehn Kilometer aus, die Schockwelle verwüstete in einem Umkreis von rund 20 Kilometern alles. Noch in rund 40 Kilometern Entfernung soll die Schockwelle Hurrikanstärke erreicht haben.

Vor rund 15 Millionen Jahren schlug im Nördlinger Ries ein rund ein Kilometer dicker Metoritenbrocken ein. Er hatte vermutlich die Sprengkraft von 150.000 Hiroshima-Bomben. Einzelne Steine des Auswurfs wurden rund 70 Kilometer weit geschleudert, im Umkreis von rund 100 Kilometern wurde

Ralf Bernd Herden
2036 – Unvorbereitet?
Der zerstörerische Impact und seine möglichen Folgen

schlagartig alles Leben ausgelöscht, Tektite sollen sogar rund 450 Kilometer weit geschleudert worden sein.

Meteoriteneinschläge sind und waren nie alltäglich, aber auch keine Seltenheit. 1994 bohrte sich ein Meteorit von der Größe einer Pampelmuse bei Montreal (Kanada) in die Erde einer Weide. Feuerball und Erschütterungen erschreckten die Menschen.

Dass nichts unmöglich ist, wird aber nur in der Werbung genutzt, ansonsten aber meist verdrängt.

3. Wirtschaft, Politik, Gesellschaft

Wie reagieren Wirtschaft, Politik und Gesellschaft auf die potentiell drohende Gefahr? Unwissenheit, Desinteresse und Kompetenzgerangel werden genauso wie Angst vor Verantwortung, Bequemlichkeit und Gleichgültigkeit weiterhin ihren Tribut zollen. Ein Verschweigen und Verniedlichen des Problems hat viele Vorteile – den größten und unbestreitbaren, dass es mögliche Panik vermeidet. Dieses Argument ist ein Totschlagargument, das zu allen Zeiten und in allen Gesellschaftsformen am besten gezogen hat. Und sehr gerne benutzt wird.

Die Wirtschaft wird meist vom Geizsyndrom, dem Syndrom ungesunder Gewinnmaximierung an Stelle der Gedankenwelt des ehrenwerten und soliden Kaufmannes beherrscht. Die Zeiten der Aufbruchstimmung, des Fleißes, des Engagements und des Geistes einer echten, sozialen Marktwirtschaft sind vorbei, spätestens seitdem dem Götzen Mammon auf den Hausaltären der Investmentbanker allstündlich die Interessen des Mittelstandes und der Arbeitnehmer geopfert werden.

Die Wirtschaft wird also erst dann reagieren, wenn der Big Bang oder Impact entweder dazu genutzt werden kann, in großer Zahl wirkungslose „Meteoritenschutzpakete" zu horrenden Preisen auf den Markt zu werfen, oder wenn tatsächlich die Wirkungen des Marktes völlig darniederliegen, weil die bisher

Ralf Bernd Herden
2036 – Unvorbereitet?
Der zerstörerische Impact und seine möglichen Folgen

anerkannten Regeln grundsätzlich in Frage gestellt werden. Dann aber wird es zu spät sein.

In der Politik herrscht das Stimmenfangsyndrom, das Symptom des Machterhalts an Stelle der Gedankenwelt des treusorgenden und vorausschauenden Familienvaters vor. Unangenehmen Themen, vor allem solchen, die Wähler vergraulen oder verängstigen könnten, geht man lieber aus dem Weg. Sie könnten zu Entdeckungen führen, welche in unangenehmen Fragen enden – weil man auf diese Fragen keine vernünftige Antwort geben kann: Viel besser noch, geben will.

Bei den Verwaltungen stellt sich ein ähnliches Bild dar. Der Zwang zum Perfektionismus treibt Stilblüten der Ineffizienz. Man beschäftigt sich möglicherweise sogar mit Problemen wie dem der Beseitigung von Schildkröten-Kot im Winter – und vergisst dabei, dass Schildkröten als Wechselwarmblüter einen Winterschlaf halten, also ihren Stoffwechsel auf nahezu „Null" reduzieren und deshalb auch nicht defäkieren, Verzeihung: „Scheißen". Und wenn, dann ohnehin nur in Mengen, welche im Verhältnis zu den Mengen der Hinterlassenschaften anderer Erdenbewohner gut vernachlässigt werden können.

In der Gesellschaft wird das Thema Gefahrenabwehr und Katastrophenschutz verdrängt. Das Verdrängungssyndrom, gesteuert vom Willen zu biedermeierlicher Behaglichkeit, lässt sich allenfalls noch vom Fun- oder Amüsiersyndrom verdrängen oder überdecken. Gefahren, Angst und Krankheit haben in unserer Gesellschaft heute – außer bei den Spezialisten, wohin sie nach landläufiger Ansicht auch ausschließlich gehören – keinen Platz mehr.

Was allerdings bei all diesen Betrachtungen, welche nicht pessimistisch sein sollen und dürfen, sondern ein realitätsnahes Bild verfolgen, deutlich hervorgehoben werden muss, sind zwei Faktoren unserer Gesellschaft, welche so richtig in das Bild gleichgültiger Zurückgezogenheit nicht passen:

Da ist erstens das Engagement in den Hilfs- und Rettungsorganisationen. Ohne das Engagement der ehrenamtlichen Mitarbeiter könnten die hauptamtlichen

Ralf Bernd Herden
2036 – Unvorbereitet?
Der zerstörerische Impact und seine möglichen Folgen

Mitarbeiter der Flut an Aufgaben nicht gerecht werden. Und sowohl bei den Feuerwehren, als beim DRK und THW, Bergwacht und DLRG, DGzRS und Grubenwehren sind zigtausende ehrenamtlicher Helfer oft über Jahrzehnte aktiv. Sie bilden das Rückgrat des Katastrophenschutzes.

Das ist zweitens die Hilfsbereitschaft und das echte Mitleiden nach Katastrophen. Ob dies der 11. September 2001 mit seinen Terror-Anschlägen war, das Elbe-Hochwasser und seine unsäglichen Fluten 2002, der Tusnami 2004 oder der Hurrican Catherina 2005 in New Orleans war: Eine Welle der Anteilnahme, Solidarität und auch handelnder Hilfsbereitschaft ging durch die Bevölkerung. Nicht nur der jeweiligen Länder, sondern grenzübergreifend, ja sogar weltweit. Unendlich viel wurde geleistet.

Fazit: Es sind gute Ansätze vorhanden, zumindest bei den Hilfsorganisationen. Diese müssen ausgebaut werden. Und politisch müssen jene mehr Gewicht erhalten, welche sich offen und aktiv für den Zivil- und Katastrophenschutz einsetzen. Hier muss der Grundsatz gelten: Vorandrängen statt verdrängen.

4. Mögliche Auswirkungen: Äußerer Kreis

Nachfolgend werden mögliche Auswirkungen eines Big Bang oder Impact für den sog. „äußeren Kreis" dargestellt. Es handelt sich dabei um jene dem Schadensereignis entferntere Zone, in welcher keine primären Personenschäden durch Verletzungen, Druckwellen oder Einstürze verursacht werden, und in welcher es auch zu keinen primären Sachschäden kommt: Die Infrastrukturen bleiben materiell unversehrt. Es kommt lediglich zu indirekten Auswirkungen, welche jedoch deswegen nicht vernachlässigt werden dürfen.

Ralf Bernd Herden
2036 – Unvorbereitet?
Der zerstörerische Impact und seine möglichen Folgen

4.1. Stromausfall im Haushalt

Auch in technisch hoch entwickelten und bestens strukturierten Stromversorgungsnetzen lässt sich ein Stromausfall, ein vorübergehender oder längerer, ein kleinräumiger, regionaler bis gar fast nationaler Spannungswegfall nicht gänzlich ausschließen. Beim Big Bang ist er nahezu wahrscheinlich, um nicht zu sagen: Fast sicher zu erwarten.

Seine Auswirkungen sind je nach Jahreszeit, Flächenausdehnung und Zeitdauer höchst unterschiedlich zu bewerten. Vereinfacht gilt: Ein Ausfall von weniger als zwei Stunden wird allgemein nur geringe Auswirkungen haben. Nach mehr als acht Stunden oder gar einem ganzen Tag wird die Situation aber gänzlich anders aussehen.

Im persönlichen Haushalt werden sich uns folgende Probleme stellen: Türklingel, Türsprechanlage und Türöffner fallen aus. Auch Aufzüge werden ihren Dienst verweigern. Wer im sechzehnten Stock wohnt, hat Pech gehabt: Falls er den Rettungsdienst braucht, muss dieser zuerst sechzehn Stockwerke erklimmen. Und ihn gegebenenfalls mit der Trage durch das Treppenhaus transportieren. Falls man den Rettungsdienst überhaupt noch informieren kann ...

Im Sommer wird die Klimaanlage abschalten, im Winter die Heizung ausfallen (auch Öl- oder Gasheizungen sind meist auf elektrische Steuerungen angewiesen). Probleme wird es nach einiger Zeit mit Kühlschränken und Tiefkühltruhen geben: Vorräte drohen zu verderben, wenn die Energie zu lange aussetzt.

Der Informationsfluss wird nachhaltig gehemmt. Radio, Fernsehen und Internet stehen ohne Stromversorgung nicht mehr zur Verfügung. Es sei denn, man verfügt über batteriebetriebene Geräte – und auch funktionsfähige Batterien in notwendiger Anzahl.

Meist fallen auch bereits die Telefonendgeräte ohne Strom aus, genauso wie die hausinternen Telefonanlagen ohne Strom versagen. Auch das Telefax spielt dann nicht mehr im

Ralf Bernd Herden
2036 – Unvorbereitet?
Der zerstörerische Impact und seine möglichen Folgen

Informationsverkehr mit. Das Telefonnetz mag in Ordnung sein – ihr Telefon oder Telefax wird trotzdem (meist) schweigen, weil es eben extern mit Strom versorgt werden muss. Doch auch das Festnetz-Telefon wird nach spätestens einem Tag seinen Dienst aufgeben. Seine Reserven sind eigentlich nur für höchstens acht bis zwölf Stunden ausreichend.

Sollten Sie für den Notfall vergessen haben, den Accu Ihres Handys voll aufzuladen, so macht das gar nichts aus. Das Handy-Netz wird uns ebenfalls nach einigen Stunden verlassen. Noch vor dem Ausfall der ohnehin zu gering bemessenen Nachlauf-Reserven an Energie wird das Netz wegen Überlastung zusammenbrechen. Vorausschauend gesehen könnte es aber auch für den Allgemeinverkehr gesperrt werden, um Vorrang-Gespräche für Rettungsdienste und Behörden zu ermöglichen. Wer hat aber schon eine der seltenen Vorrang-Nummern, um den Rettungsdienst anzurufen?

Herd, Microwelle, Kaffeeautomat und Babykostwärmer fallen ebenfalls aus. So ist es eher zu verschmerzen, dass auch die Spülmaschine nicht mehr läuft – man kann ohnehin nichts warmes auf den Teller bringen. Es sei denn, man verfügt über einen funktionsfähigen Gasherd. Der sollte vom Netz unabhängig sein, denn ein längerfristiger Wegfall der Stromversorgung könnte sich auch auf die Gasversorgung auswirken. Solare Heizungsergänzungen brauchen genauso Steuerungsstrom, wie photovoltaische Anlagen.

Automatische Tür- und Fenstersteuerungen werden nicht mehr funktionieren. Die elektrisch betriebene Jalousie bleibt stehen, wie sie eben gerade steht. Das elektrische Garagentor auch, und auch das elektrische Garten- oder Zufahrttor bleibt wie es ist.

Alarmanlagen werden auf ihre Rückfallebene, nämlich den Akkubetrieb, umschalten. Frägt sich, wie lange der Akku hält. Gute Anlagen geben übrigens den Stromausfall als Sabotagemeldung weiter, was die Alarmempfänger freuen wird. Falls sie die Alarmmeldung überhaupt erreicht. Und wenn sie erreicht werden: Was sollen sie denn tun?

Ralf Bernd Herden
2036 – Unvorbereitet?
Der zerstörerische Impact und seine möglichen Folgen

Aber wenigstens das Wasser wird weiter laufen – sofern man keine Druckerhöhungsanlage oder Pumpenstation braucht, um das Wasser in den zwölften oder noch höheren Stock zu Pumpen. Ohne Wasser verlässt uns übrigens auch recht schnell die Toilettenspülung, ein Aspekt der bald deutlich zum Himmel stinken dürfte. Und ab einer gewissen Zeitdauer die Evakuierung von Großgebäuden wegen Seuchengefahr notwendig machen wird. Wohin aber evakuieren? Wie evakuieren?

Fazit: Ein Stromausfall ist zwar im Allgemeinen sehr unwahrscheinlich, im Fall längerer Dauer aber zumindest äußerst unangenehm. Und bei einem Big Bang fast sicher. Eine gewisse Vorbereitung würde nicht schaden. Nebenbei bemerkt: Auch das Licht, um mit dem geliebten Füller einen Brief zu schreiben, lässt sich nächtens kaum ohne elektrischen Strom erzeugen.... Gaslampen oder Kerzen aber erhöhen wiederum das Brandrisiko, was romantisierend oft vergessen wird.

4.2. Auswirkungen auf die öffentliche Daseinsvorsorge

Ein Stromausfall wird die öffentliche Daseinsvorsorge ganz empfindlich treffen. Da sind zuerst einmal die Verkehrsstrukturen. In den Ballungszentren wird es allein schon deswegen, weil die Verkehrsampeln (Lichtzeichenanlagen) versagen, zu einem absoluten Verkehrschaos kommen. Selbst wenn für jede Kreuzung ein Polizeibeamter zur Verfügung stehen würde, was völlig utopisch ist, wäre die Koordination untereinander unmöglich.

Festnetz-Telefon und Handy-Netz sind längst ausgefallen. Also kann sich auch die Polizei, genauso wie die sonstigen Behörden und Organisationen mit Sicherheitsaufgaben, nur über den Behördenfunk verständigen. Die Zahl der analog vorhandenen Funkkanäle ist im Katastrophenfall viel zu gering und völlig überlastet. Das neue digitale Funknetz noch unzureichend oder gar nicht ausgebaut. Es wird also mehr als nur ein Verkehrschaos geben.

Ralf Bernd Herden
2036 – Unvorbereitet?
Der zerstörerische Impact und seine möglichen Folgen

Der Individualverkehr bricht spätestens dann zusammen, wenn an den Tankstellen kein Sprit mehr erworben werden kann – nicht nur, weil Türen und Registerkassen versagen, sondern auch die Treibstoff-Pumpen ausfallen. Diese Problem stellt sich nicht nur dem einzelnen Kraftfahrer, sondern auch der Polizei, dem Rettungsdienst, der Feuerwehr – kurz jedem Hilfsdienst. Nach dem Verbrauch der in den Fahrzeugen befindlichen Treibstoffreste wird im allgemeinen erst einmal Schluss sein.

Der straßen- wie auch der schienengebundene, öffentliche Personennahverkehr wird sich ebenfalls in die Funktionsunfähigkeit verabschieden. Was bleiben wird: Zuhause bleiben und abwarten. Wer sich zu Fuß auf die Straße begeben wird, wer zur Flucht ansetzt, setzt sich unwägbaren Risiken aus. Nur sehr einfältige Menschen werden zu jenem Zeitpunkt noch daran glauben, dass wenigstens die Mehrheit der Menschen sich um gesetzestreues Verhalten bemühen wird. Der Gesetzesverstoß wird in vielen Fällen vom Überlebenswillen erzwungen werden.

Wasserversorgung- und Abwasserentsorgung werden zu einem allgemeinen Problem werden. Zusammenbrechende Hygiene fördert Krankheiten wie Typhus und Cholera – bis hin zur Pest, von der niemand glauben sollte, dass sie ausgerottet sei.

Unser Gesundheitswesen wird zusammenbrechen. Zum einen, weil die Mitarbeiter des Gesundheitswesens und ihre Angehörigen selbst von der Katastrophen betroffen sein werden. Also ums eigene Überleben kämpfen müssen. Doch selbst dort, wo alle zur Arbeit erscheinen und pflichtgemäß handeln, wird es unüberwindliche Probleme geben.

Nehmen wir beispielsweise die öffentlichen und privaten Apotheken. Die Apotheker werden nicht mehr in der Lage sein, Nachschub zu erhalten. Selbst wenn sie ihn bestellen können, werden sie in kaum geliefert bekommen. Trifft die Lieferung ein, so ist zumindest die Lagerung kühlungspflichtiger Medikamente nicht mehr gewährleistet. Die Verteilung der Medikamente wäre ohnehin nicht mehr gewährleistet.

Unsere Krankenhäuser verfügen über Notstromaggregate. Abgesehen davon, dass im Katastrophenfall jedes Krankenhaus

Ralf Bernd Herden
2036 – Unvorbereitet?
Der zerstörerische Impact und seine möglichen Folgen

und jede Arztpraxis, ja selbst jeder Behelfsverbandsplatz vielfach überbeansprucht sein werden – die Energievorräte werden nur für einen begrenzten Zeitraum ausreichen. Dann wird die Technik im Operationssaal genauso versagen, wie die künstliche Niere, das Beatmungsgerät oder die für manche Patienten unverzichtbare Klimatisierung.

Ein nächstes, zwangsläufiges Problem wird das Bestattungswesen werden. Durch die Ausfälle bei der medizinischen Versorgung wird die Sterblichkeitsrate steigen. Leichenkühlzellen werden nicht mehr funktionieren, sobald der Strom ausfällt. Auf die Einlagerung von Leichen in Eiskellern, wie in den vergangenen Jahrhunderten z.T. geschehen, wird man nicht zurückgreifen können. Bleibt einzig und allein die schnelle Bestattung, um Seuchen zuvor zu kommen. Ob dies noch pietätvoll möglich sein wird, bleibt anzuzweifeln.

Das öffentliche Finanzwesen wird völlig zusammenbrechen. Selbst wenn Bargeld zu bekommen wäre – wer will schon leeres Papier, wenn es ums Überleben geht.

Wertbeständige Zahlungsmittel und Tauschwirtschaft werden, wenn es überhaupt noch ein nennenswertes Wirtschaftsleben in dieser Zone geben wird, den Wirtschaftskreislauf bestimmen.

5. Auswirkungen Innerer Kreis

Die Auswirkungen im inneren Kreis des Schadens werden noch beträchtlicher sein. Zwar wird man auch hier davon ausgehen dürfen, dass es zu eigentlichen Gebäudeeinstürzen nicht kommen wird. Es werden jedoch Gebäude von der Druckwelle des Einschlags abgedeckt werden.

Fenster werden eingedrückt. Die Splitter der Fenster, die herabstürzenden Ziegel oder durch die Luft geschleuderten Metallabdeckungen werden zu zahlreichen, oft schweren Verletzungen führen. Für diese Verletzungen wird es nur wenige Behandlungsmöglichkeiten geben, weil die örtlichen Krankenhäuser und Rettungswachen kaum mehr einsatzfähig sein

Ralf Bernd Herden
2036 – Unvorbereitet?
Der zerstörerische Impact und seine möglichen Folgen

werden. Sie werden teilweise unbrauchbar sein, völlig ohne Energie und oft auch ohne einsatzfähiges Personal. Das Heranführen effektiv einsatzfähigen Personals wird aber auf große Schwierigkeiten stoßen, weil schon im äußeren, eigentlich noch nicht von Zerstörungen betroffenen Kreis Not und Chaos, Unsicherheit und Hilflosigkeit herrschen werden.

Krankenhäuser, Kliniken und Rettungswachen werden in ihrer Substanz beschädigt, und sie werden nur sehr schwer wieder einsatzfähig zu machen sein.. Ihr Leistungsniveau wird in der ersten Zeit unter dem Niveau von (voll ausgestatteten) Feldverbandsplätzen des II. Weltkrieges liegen. Es wird an medizinischem Gerät, Fachpersonal und Medikamenten mangeln. Ersatz wird nur in den wenigsten Fällen zu bekommen sein.

Die Infrastrukturen für elektrischen Strom, Telekommunikation, Wasser und Abwasser werden schwer beschädigt, aber grundsätzlich noch instandsetzungsfähig sein. Sie sind aber auch deshalb nicht einsatzfähig, weil es keinen elektrischen Strom, geben wird. Es wird für die Instandsetzung defekter Anlagen jedoch sowohl an Material, als auch an qualifiziertem Personal fehlen. Es wird unmöglich sein, diese Instandsetzungen zeitnah durchzuführen. Je länger aber die Instandsetzungen unterbleiben müssen, desto größer werden dauerhafte Schäden sein.

Die dauerhaften Schäden werden sowohl die Infrastrukturen, als auch die Gemeinwesen und die Umwelt betreffen.

Der individuelle und öffentliche Personennahverkehr wird völlig zum Erliegen kommen. Einzig die Behörden und Organisationen mit Sicherheitsaufgaben könnten in dieser Zone noch in der Lage sein, logistisch zielgerichtet zu handeln. Voraussetzung dafür ist aber, dass die örtlichen Kräfte durch Kräfte der Überlandhilfe und entsprechende Spezialfahrzeuge verstärkt werden können, und dass Treibstoffe und Ersatzteile jeweils in ausreichender Menge herangeführt werden können. Bereits dies ist schwerstens in Zweifel zu ziehen.

Ralf Bernd Herden
2036 – Unvorbereitet?
Der zerstörerische Impact und seine möglichen Folgen

Die öffentliche Sicherheit und Ordnung wird kaum mehr zu gewährleisten sein. Es muss damit gerechnet werden, dass sich völlig rechtsfreie Räume bilden werden. Rechtsfreie Räume, in denen sich auch die staatlichen Sicherheitsorgane zwar noch bewegen, aber nicht mehr durchsetzen können.

6. Auswirkungen Innerster Kreis

Jedes Wirtschaftsleben wird, genauso wie jede Sozialstruktur, in diesem innersten Kreis zusammenbrechen. Jene Gestalten, welche wir heute in Krisengebieten wie Afghanistan „Warlords" nennen, werden in dieser Zone den Ton angeben. Den staatlichen Sicherheitsorganen wird es im allgemeinen unmöglich sein, Recht und Gerechtigkeit in dieser Zone durchzusetzen.

Sozialdarwinismus in seiner übelsten Form wird hier vorherrschen.

Neben den bereits benannten Splitterverletzungen werden Verbrennungen in großem Ausmaße auftreten. Menschen werden von Trümmerstücken schwer verletzt oder getötet, von einstürzenden Gebäudeteilen verschüttet werden. Die vom „Big Bang" verursachte Druckwelle wird in vielen Fällen zu schwersten Lungenschädigungen führen, welche wohl allein schon geeignet sind, den Tod herbeizuführen. Kombiniert mit anderen Schadensfolgen tritt hier eine Mulitmorbidität ein, welche zu höchsten Mortalitätsraten führen wird. Vereinfacht: Mehrfachkranke sterben schneller.

Alle Straßen, Schienen und Wasserwege nebst den unverzichtbar erforderlichen Betriebseinrichtungen werden völlig zerstört sein, sämtliche Flugplätze ebenfalls.

Gleiches wird für Wasserversorgungen, Kläranlagen, Strom- und Telefonleitungen gelten. In diesem Bereich wird nichts mehr sein, wie es zuvor war.

Selbst Krankenhäuser und Kliniken werden nicht wieder herzurichten sein, und wenn, so brauchen sie völlig neues Personal, welches von außen herangeführt werden muss.

Ralf Bernd Herden
2036 – Unvorbereitet?
Der zerstörerische Impact und seine möglichen Folgen

Der innerste Kreis wird sich nur sehr wenig vom Zentrum des Ereignisses unterscheiden...

7. Auswirkungen Zentrum

Über dieses Kerngebiet brauchen wir uns, wenn wir ehrlich sind, eigentlich gar keine Gedanken mehr zu machen. Menschliches Leben wird, wie jede Biomasse, vernichtet und auf Kohlenstoffrückstände reduziert sein. Nicht einmal verwertbare Spuren unserer Infrastrukturen werden zurückbleiben, nicht einmal Anzeichen menschlichen Gestaltens. Es wird viele Tage, wahrscheinlich sogar mehrere Wochen gehen, bis das Gebiet wenigstens soweit abgekühlt ist, bis es wieder begehbar ist.

Es wird jedoch zu Anfangs, und dies über einen längeren Zeitraum, so gastfreundlich sein, dass selbst die Ratten diesen Bereich meiden werden. Es ist schlicht nichts vorhanden, was der Ernährung dienen könnte. Zuerst wird sich, nach einiger Zeit, die Flora das Terrain zurückerobern, danach die Fauna.

Es wird eine Pflanzen- und Tierwelt entstehen, die wohl allenfalls noch eine Ähnlichkeit mit der Welt verlassener Industriebrachen und städtischer Ruinengrundstücke haben wird. Pflanzen, welche sich stark vermehren, anspruchslos im Standort sind und auch mit Umweltschäden, wie beispielsweise Schwermetallen im Boden, unschwer fertig werden.

Bei den Tieren wird es ähnlich sein. Zuerst werden Insekten, die unverwüstlichsten Arten der Tierwelt, wieder Besitz vom zentral betroffenen Bereich ergreifen. Kleinnager, welche sich von Pflanzen und Insekten ernähren, werden als nächste folgen. Ihnen werden jene größeren Fleischfresser folgen, die in den Kleinnagern eine willkommene Bereicherung ihrer Speisekarte sehen.

Spätestens ab diesem Zeitpunkt wird auch der Mensch wieder versuchen, von dem verlorenen Terrain Besitz zu ergreifen. Wenn nicht durch den Big Bang und seine Folgen die Umwelt so schwer und nachhaltig geschädigt worden ist, dass es

Ralf Bernd Herden
2036 – Unvorbereitet?
Der zerstörerische Impact und seine möglichen Folgen

(erd-)geschichtliche Zeitalter brauchen wird, bis wieder ein neues, lebensfähiges Gleichgewicht herrscht.

8. Und der Nachrichtenverkehr?

Der Nachrichtenverkehr insgesamt wird bei einem Impact mit hoher Wahrscheinlichkeit zusammenbrechen. Nicht nur, weil keine Energie für die Versorgung der Nachrichtensysteme zur Verfügung stehen wird. Nicht nur, weil eine absolute Überlastung fast sicher ist. Nicht nur, weil in bestimmten Zonen auch sämtliche Leistungssysteme zusammenbrechen.
Sondern weil ein solcher Big Bang aller Voraussicht nach einen magnetischen Sturm bisher noch ungeahnten Ausmaßes verursachen würde.
Normalerweise sind Sonnenstürme die Ursache solcher geomagnetischer Stürme. Eine ihrer augenfälligsten Erscheinungen sind Polarlichter, welche dann selbst z.B. in Mitteleuropa sichtbar sind. 1859 legte ein solcher Magnetsturm die gerade erst in Betrieb genommenen Telegrafennetze lahm. 1989 war ein solcher Magnetsturm die Ursache für einen mehrstündigen Stromausfall im kanadischen Montreal.
Extreme Luftinonisationen, wie sie bei der Explosion von Nuklearwaffen entstehen, führen zu elektromagnetischen Impulsen. Sämtliche elektronisch betriebenen oder gesteuerten Geräte sind dann in höchstem Maße gefährdet. Und zwar nicht nur zeitweise in ihrer Funktionsfähigkeit, sondern dauerhaft. Damit aber wäre der gesamte Nachrichtenverkehr des betroffenen Bereichs, die gesamte Steuerungstechnik in Frage gestellt. Sicher – die schweizerische Armee lagert einen Teil ihrer hochempfindlichen Technik in Kavernen, welche als sicher gegenüber elektromagnetischen Impulsen gelten.
Ein Faradayscher Käfig sichert diese Geräte. Wie viele Faradaysche Käfige allerdings z.B. zum Schutz von medizinischen Geräten sicher zur Verfügung stehen, mag sich jeder selbst beantworten. Und wie steht es mit dem Herzschrittmacher ? Bei einem militärischen Einsatz solcher

Ralf Bernd Herden
2036 – Unvorbereitet?
Der zerstörerische Impact und seine möglichen Folgen

Magnetstürme würden Fachleute schlicht von einem Kollateralschaden reden.

Literaturhinweise:

Brunswig, Hans: Feuersturm über Hamburg, Motorbuch-Verlag, 10. Auflage Stuttgart 1994

Buzek, Gerhard: Das große Buch der Überlebenstechniken. Nikol Verlagsgesellschaft Hamburg, 9. Auflage 2007

Dombrowsky, Wolf R.: Katastrophe und Katastrophenschutz, Deutscher Universitäts Verlag, Wiesbaden 1989

Friedrich, Jörg: Der Brand – Bombenkrieg in Deutschland 1940-1945, Propyläen Ullstein Heyne List Verlag München, 6. Auflage 2002

Hampe, Erich: ... als alles in Scherben fiel – Erinnerungen des Generalmajors a.D., ehemaligen Generals der Technischen Truppen und Präsidenten des Bundesanstalt für Zivilen Luftschutz, Biblio Verlag Osnabrück 1979

Hampe, Erich u.a.: Der zivile Luftschutz im zweiten Weltkrieg – Dokumentation und Erfahrungsberichte über Aufbau und Einsatz, Bernhard und Graefe Verlag für Wehrwesen, Frankfurt am Main 1963

Herden, Ralf Bernd: Roter Hahn und Rotes Kreuz. Chronik der Geschichte des Feuerlösch- und Rettungswesens. BoD Norderstedt 2005.

Herden, Ralf Bernd: Straßburg Belagerung 1870. Europas Hauptstadt und das Elsass im Spannungsfeld der deutsch-französischen Auseinandersetzungen. Bod Norderstedt 2006.

Herden, Ralf Bernd: Perspektive Zukunft. Das Deutsche Rote Kreuz, Kreisverband Freudenstadt, im 50. Jahr seines Bestehens. BoD Norderstedt 2007.

Herden, Ralf Bernd: Fliegende Blätter der Geschichte. Für Bildungshungrige, Besserwisser, Angeber, Streber, Schulschwänzer, Lebenskünstler und andere Chaoten. BoD Norderstedt 2007.

Jacob, Klaus: Entfesselte Gewalten. Stürme, Erdbeben und andere Naturkatastrophen. Birkhäuser-Verlag, Basel, Boston, Berlin 1995

Lichtenfels, Karl Leopold von: Lexikon des Überlebens – Handbuch für Krisenzeiten. Anaconda Verlag Köln 2005

Ralf Bernd Herden
2036 – Unvorbereitet?
Der zerstörerische Impact und seine möglichen Folgen

Müller, Rolf-Dieter: Der Bombenkrieg 1939-1945. Büchergilde Gutenberg, Frankfurt am Main / Ch. Links Verlag Berlin, o.J.

Wildavsky, Aaron: Searching for Safety. Transaction Books. New Brunswick (USA) and London (UK) 1988

Das zu Beginn dieses Artikels abgebildete Wappen des Autors unterliegt dessen © und ist zugleich ein geschütztes Namenszeichen, eingetragen unter der Nummer 113/11035 in der Wappenrolle des „Münchner Herold".

Darstellungen dieses Wappens befinden sich ferner in zahlreichen Universitätsbibliotheken, u.a. auch in den Päpstlichen Bibliotheken im Vatikan, der Bibliothek des Erzhauses Habsburg (Villa Austria, Pöcking) und der Fürstlich Liechtensteinischen Bibliothek (Schloß Vaduz, Liechtenstein), sowie der Bibliothek des Deutschen Freimaurermuseums (Bayreuth) und im Archiv der Ordenskanzlei des Ritterordens „Cordon Bleu du Saint Esprit – Orden vom Heiligen Geist" in Erfurt.

www.ingramcontent.com/pod-product-compliance
Lightning Source LLC
Chambersburg PA
CBHW070247230526
45470CB00002B/513